舒適居家解剖圖鑑

貼合現代人生活習慣和心裡需求的69種格局新概念

大島健二
Kenji Oshima

楓 書 坊

序

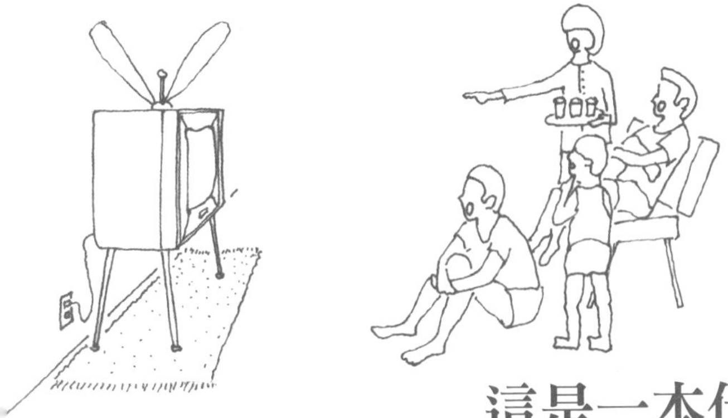

這是一本什麼樣的書？

有滿滿的居家設計重點
插畫豐富如圖鑑一般，
方便從任何章節開始讀起
內容皆為真實案例

誰該如何閱讀本書？

之後打算蓋新居的人
只要看過一遍，
便能找出自己獨有的想法

今後打算從事住宅設計的年輕人
應該仔細閱讀

對住宅設計已駕輕就熟的人
可以偷瞄幾眼、做做比較

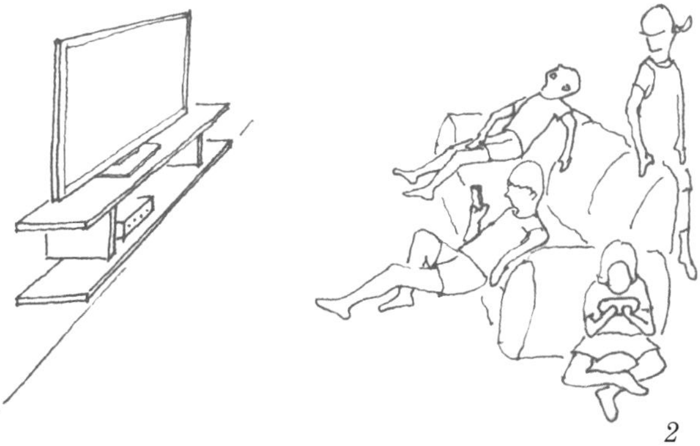

本書適合何種人閱讀？

在家亂扔東西，
每天都被老媽責罵的你

正值愛幻想年齡的妳

每天被育兒、家事和孩子的考試
追著跑的媽媽

回到家卻沒有容身之處的爸爸

育兒工作告一段落，
能夠享受清閒時光的夫婦

今後將與父母同住的人
與孩子同住的人

正在尋找「終老之所」的你……

本書有何獨特之處？

能夠勾起一絲思古情懷

會令腦中浮現生活情境
與日常情景

讓人開始為20、30年
預作打算

目次

第1章 舒適的居家場所

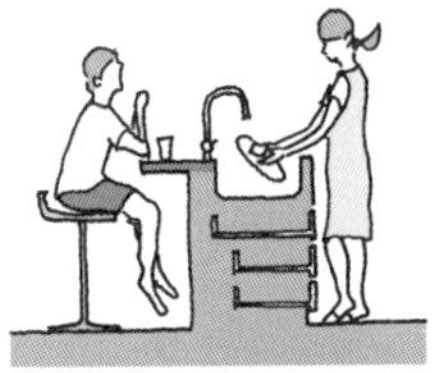

第2章 從住宅整體來思考

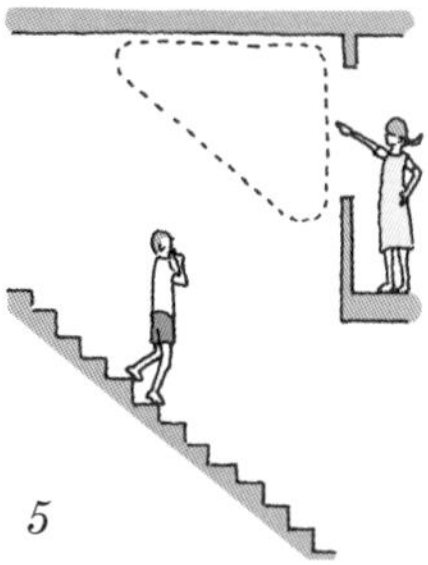

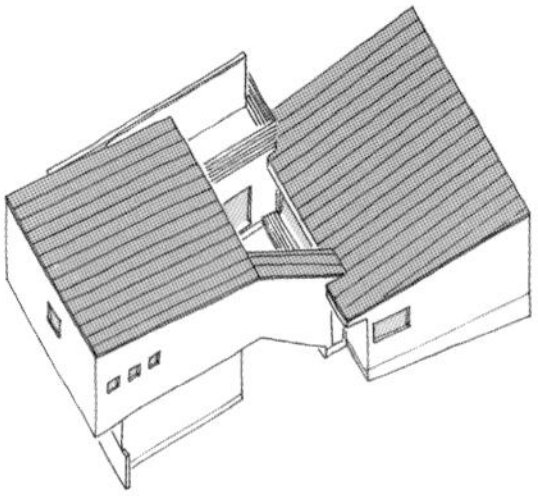

第3章 打造住家外觀

第4章 維持居家整潔的秘訣

第5章 細部的講究之道

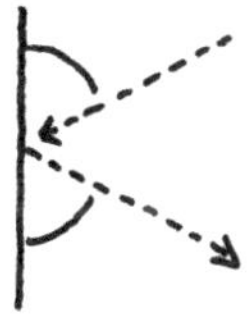

第1章

舒適的居家場所

能夠在同一空間呼吸相同空氣的現代LDK

每個人分散各處卻又彼此相依，這樣的關係令人感到舒服。

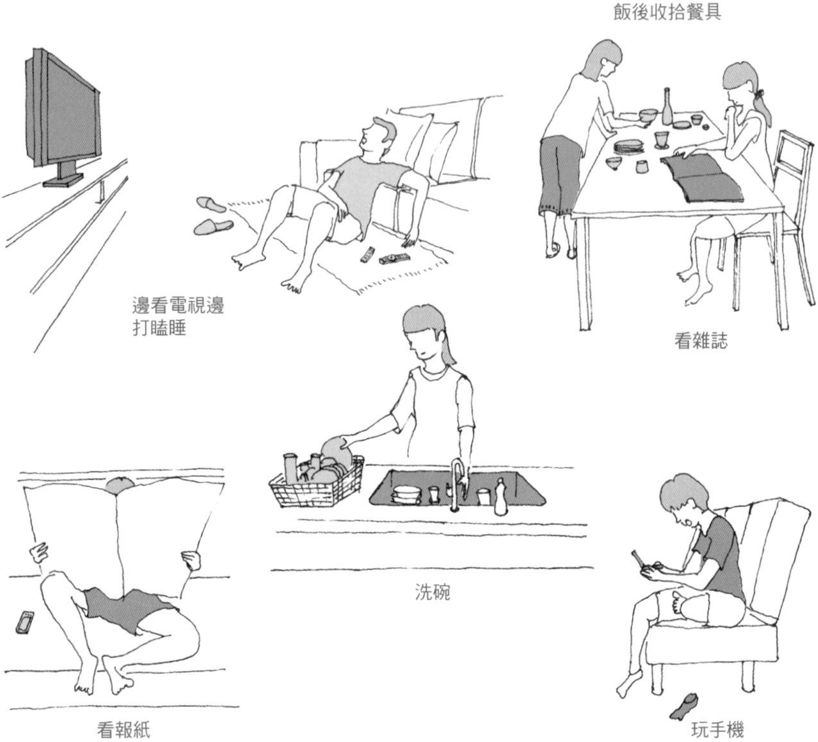
飯後收拾餐具
邊看電視邊
打瞌睡
看雜誌
洗碗
看報紙
玩手機

自然相連的LDK

一般認為，日本是在進入大正時代之後，才開始有了客廳這個全家聚集之處的概念。

然而時至今日的平成時代，別說是全家團聚的概念了，就連客廳本身的存在也早已模糊。不過這樣也沒什麼不好。

不特別做些什麼，只是全家人待在同一空間裡，呼吸著相同的空氣，而身在廚房的母親也能隱約感受到其他人的氣息。這種隱晦不明的連結感，或許正是LDK的特色吧。

從廚房也能看見電視

為了不讓母親感到被孤立，讓人從廚房也能看見電視是配置上的一大重點。

在廚房的正面擺放電視

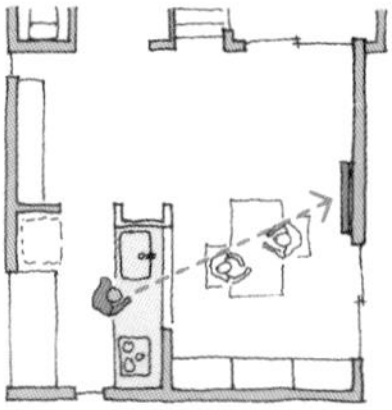

（國分寺之家）

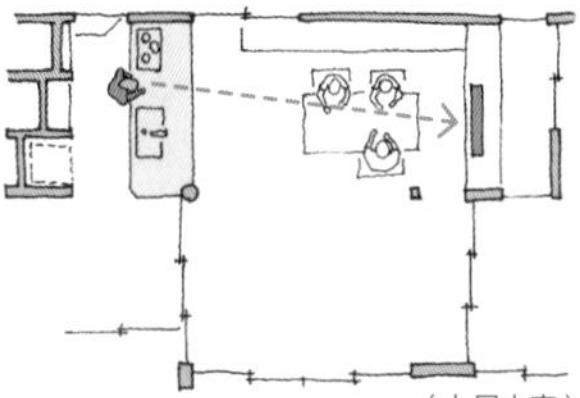

（上尾之家）

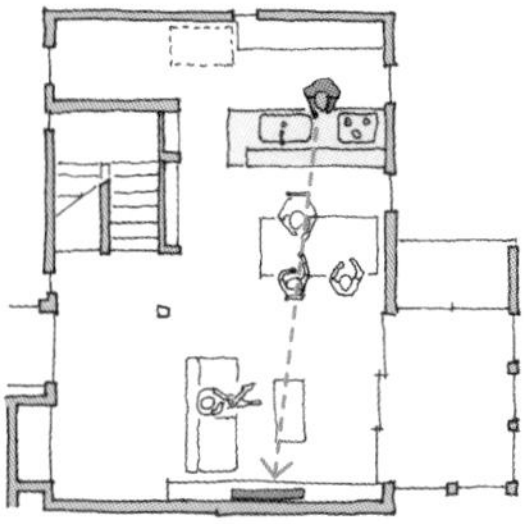

（鶴島之家）

在廚房的斜前方擺放電視

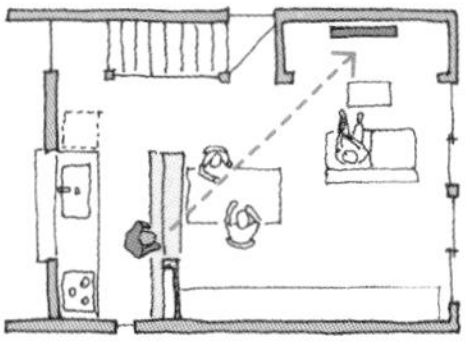

（幡谷之家）

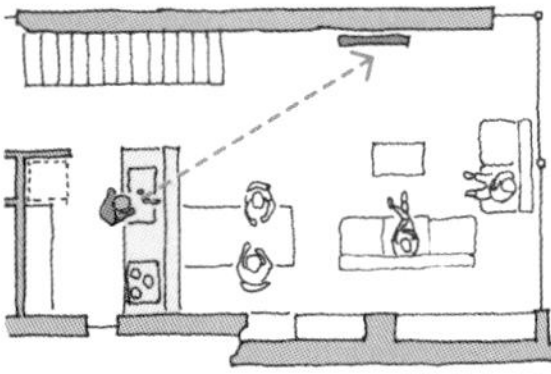

（淺草之家）

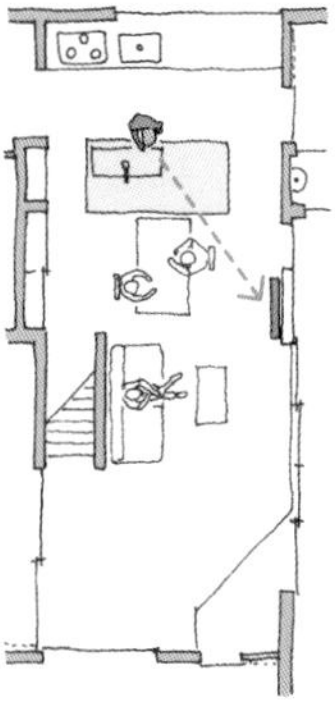

（大井松田之家）

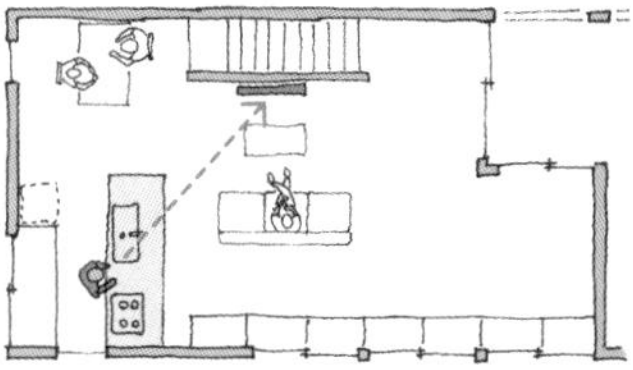

（鵠沼海岸之家）

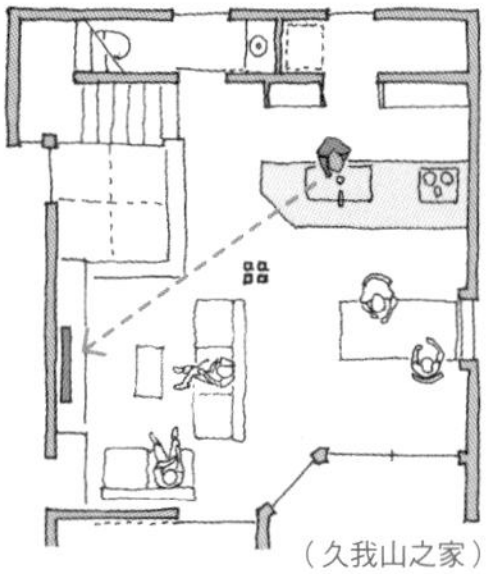

（久我山之家）

客廳的變遷

從父權制度演變成一家團圓。

大正時期的客廳

產生「客廳」的概念，眾人圍繞在身為一家之主的父親身旁。

昭和時期的客廳

眾人圍繞的對象不再是壁龕、父親，而是電視。

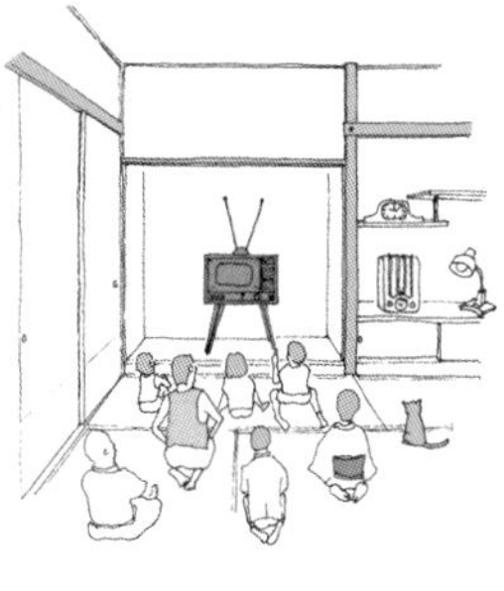

思考電視的擺放位置

自從電視薄型化之後，住宅的設計工作變得輕鬆許多，但由於現代人盯著電腦、智慧型手機的時間增加，人們已不再像從前那樣全家一起看電視，因此規劃時應設法讓電視有如窗外風景一般自然地融入家中。正因為薄型電視無論何處皆可擺放，才更需要為電視尋找一個合適的安身之處。

昭和時代的電視是坐鎮在客廳的最佳位置上

HiFi4 立體喇叭……
BCC 電子連動裝置……
PST 電腦裝置……
櫃體是美麗的鏡面……
外層塗裝是優雅又帶有光澤的聚酯塗料……
再也沒有其他電視比我更美
如室內裝飾品了……

固定式的電視櫃

（單位：mm）

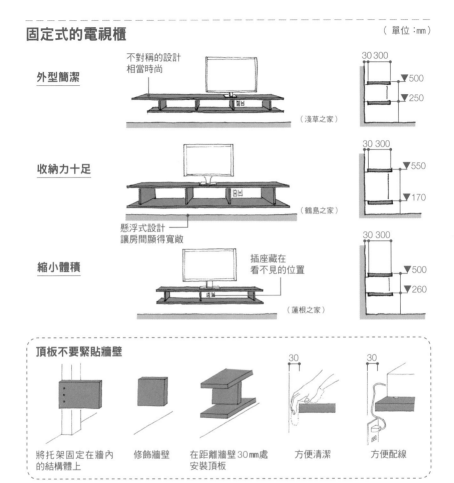

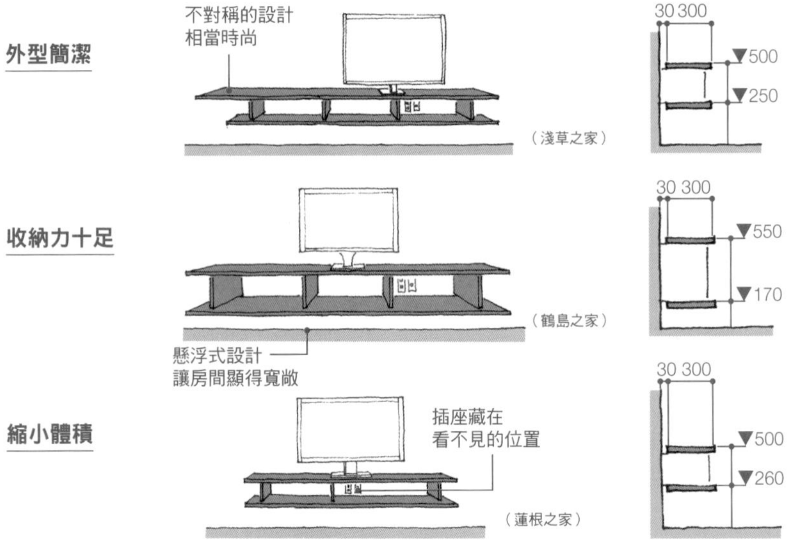
外型簡潔
不對稱的設計
相當時尚
（淺草之家）
30 300
▼500
▼250
收納力十足
（鶴島之家）
懸浮式設計
讓房間顯得寬敞
30 300
▼550
▼170
縮小體積
插座藏在
看不見的位置
（蓮根之家）
30 300
▼500
▼260

頂板不要緊貼牆壁

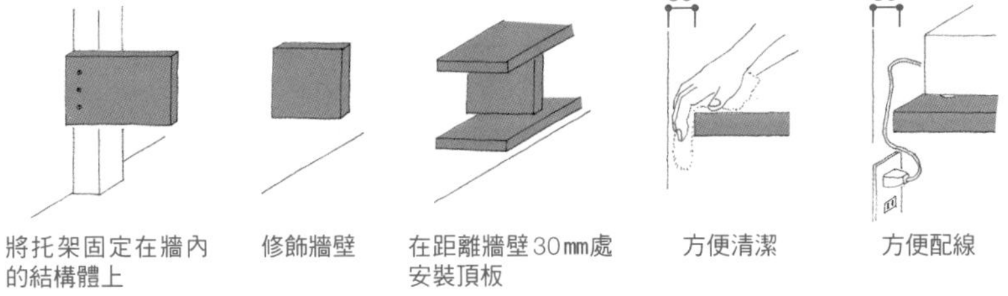
30
30
將托架固定在牆內
的結構體上
修飾牆壁
在距離牆壁30㎜處
安裝頂板
方便清潔
方便配線

在牆內埋設電視

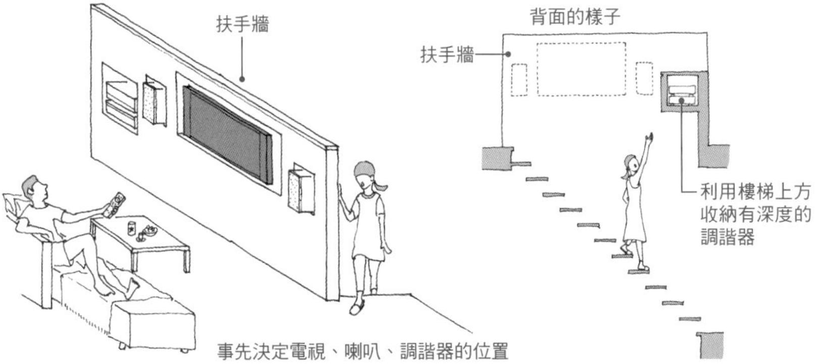
扶手牆
事先決定電視、喇叭、調諧器的位置
背面的樣子
扶手牆
利用樓梯上方
收納有深度的
調諧器

（鵠沼海岸之家）

有正反兩面的電視櫃

正面

靠近客廳這一側看不到任何線路，感覺十分清爽，而且也能感受到父親的氣息。

背面

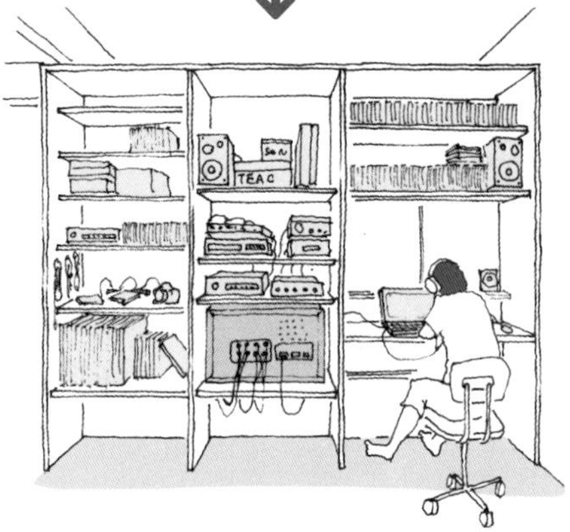

電視後方是音響狂父親的秘密基地。

（上尾之家）

消除電視的存在感

打開後

關上後

（聖蹟櫻丘之家）

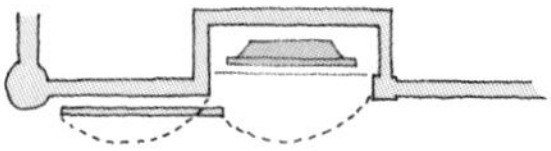

平面門與牆面融為一體，完全消除了電視的存在感。

冰箱、流理台、爐台的三角關係究竟會如何發展？

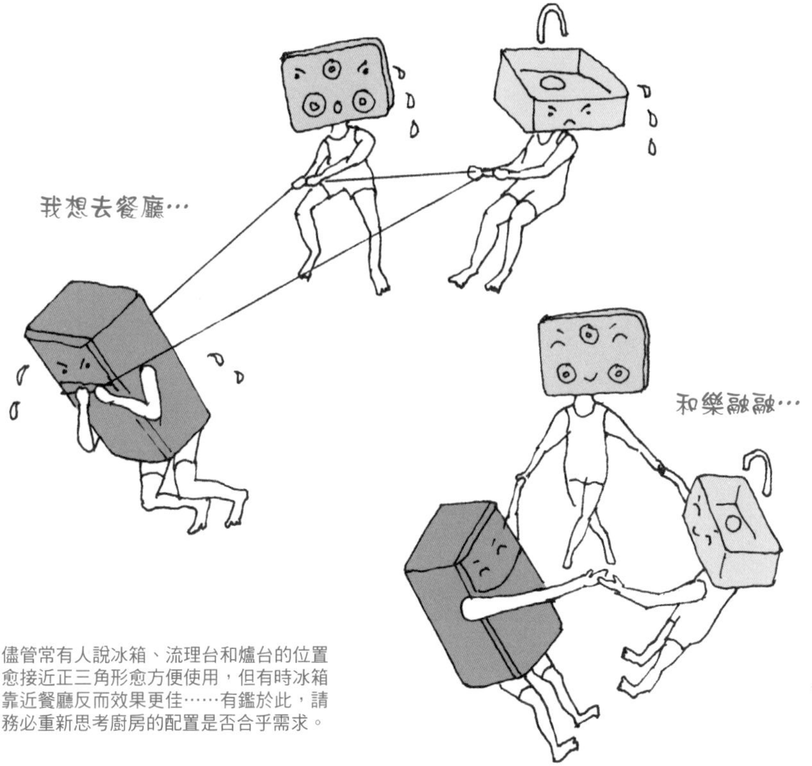

儘管常有人說冰箱、流理台和爐台的位置愈接近正三角形愈方便使用，但有時冰箱靠近餐廳反而效果更佳……有鑑於此，請務必重新思考廚房的配置是否合乎需求。

廚房是住家的一部分

廚具展示間裡總是擺滿了閃閃發亮的廚具，其中更不乏價格與高級進口車不相上下的款式。

但是，廚房自始至終都是「住家的一部分」，也是下廚用的「道具」。

廚房有島型、半島型等各式種類，建議您在不將廚房孤立於一隅的前提下，先試著想像心目中理想的廚房面貌再做決定。

在著手規劃廚房之前…

一開始必須思考的6項重點。

①作業人數有多少？

希望孩子幫忙下廚

②需要的收納量為何？

③收納場所有哪些？

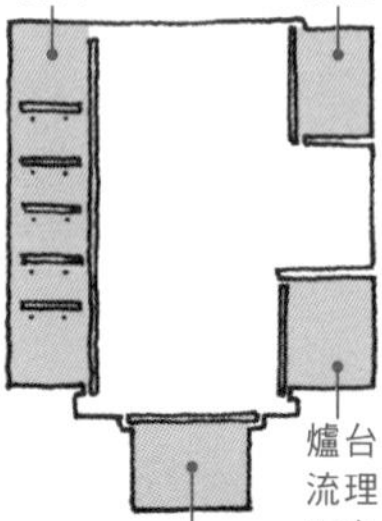
側面
吊櫃
爐台、
流理台
下方
地板

④大小是否適中？

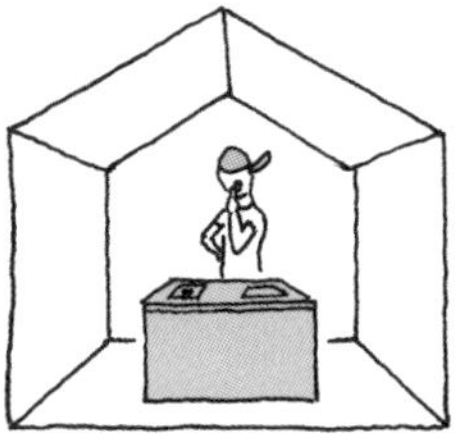

雖然裝了夢想中的島型廚房，結果卻……

⑤臭味、油煙、濺油的問題如何解決？

油煙、蒸氣
臭味
濺油

⑥要隱藏？還是展示出來？

希望隨時保持整潔、光亮如新

隱藏收納

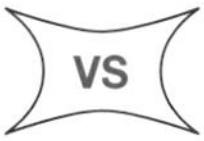
VS

偏好讓所有用具一目了然

展示收納

與餐廳的連結方式

完全獨立

將廚房視為獨立房間，不僅能專心下廚，也能阻絕氣味和聲音。

透過小窗相連

能夠透過配餐用的小窗，稍微與他人保持互動。

視野完全相通

留下阻隔油煙和蒸氣的垂壁，隱藏雜亂的工作台。

天花板相連

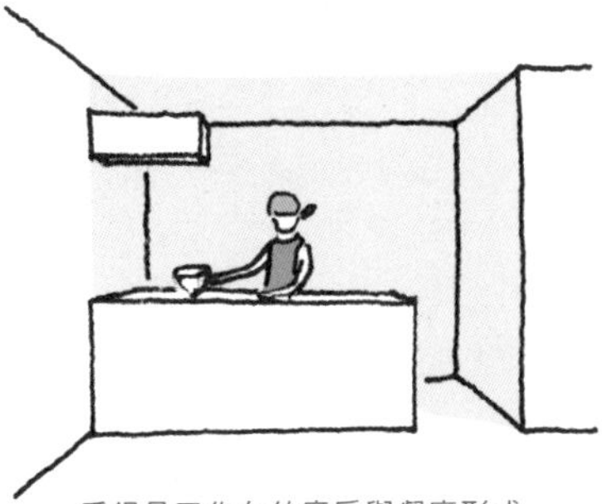

看得見工作台的廚房與餐廳形成一體空間，流理台上方沒有吊櫃收納。

兩側相通

廚房具有迴游性，整個LDK融為一體。

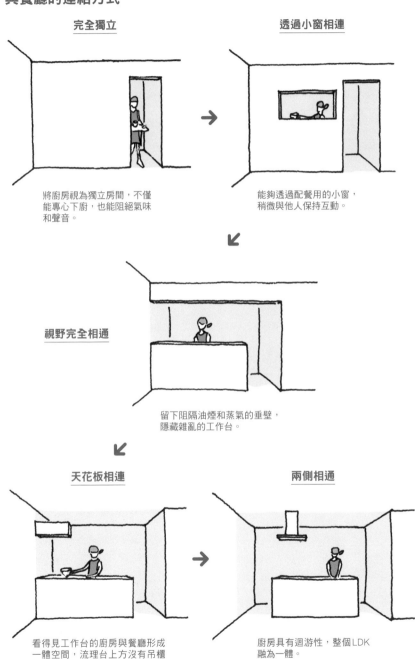

適合日本住宅的半島型廚房

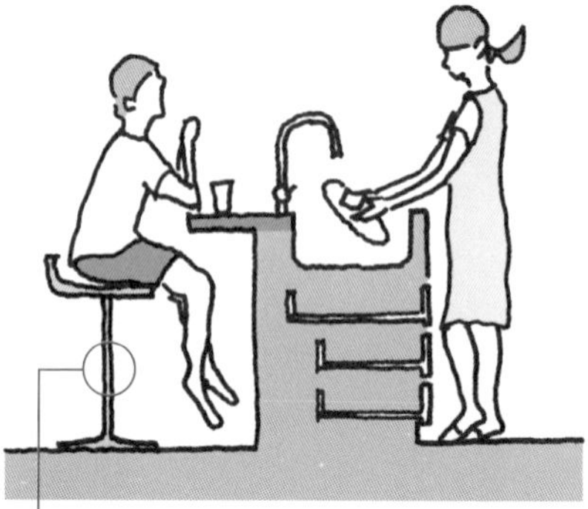

平台型

廚房頂板的深度向外延伸成櫃台，適合早上用餐時間不一的家庭在此用餐，收拾起來也很輕鬆。

櫃台椅

一般椅子的椅面高度為40～45㎝，如果要將廚房當成櫃台使用，就要選擇椅面高度約60㎝的櫃台椅。

遮蔽式櫃台型

適合不想讓流理台、爐台被看見，以及擔心水、油噴濺的人使用。

半島型廚房是萬能選手

從前的廚房一般都是靠牆的I型廚房，因此孩子們都是望著母親的背影長大。

如今對面型廚房蔚為主流，其特色是能夠與身在餐廳或客廳的家人保持連結，而最容易打造的對面型廚房就屬半島型[※]。半島型廚房連狹小住宅也適用，而且只要窗戶或後門配置得宜，甚至能夠消除「盡頭感」。

[※]由於從房間牆壁突出的形狀看似半島，因而被稱為半島型廚房。設計方式相對自由。

兩人家庭的小型廚房（平台型）

作業效率佳，早餐也能在此解決。

●廚房的規格
W=2560 mm
D=900 mm
H=840 mm

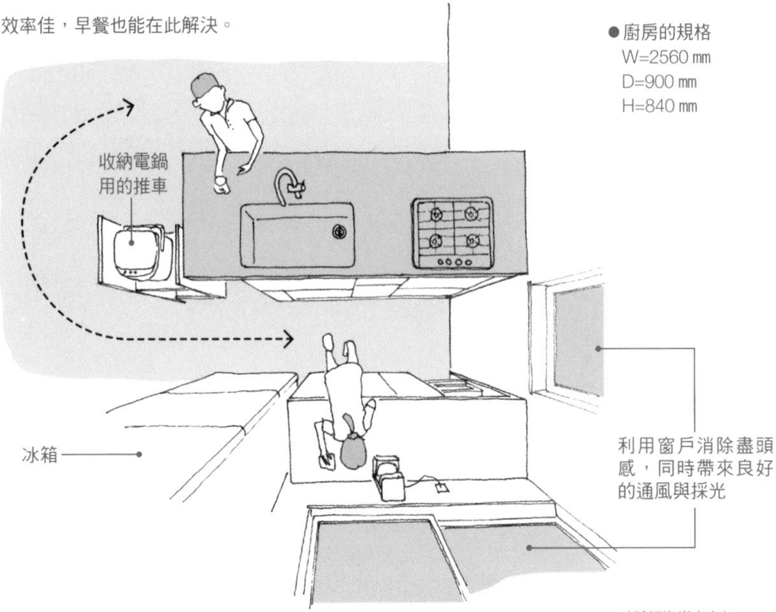

收納電鍋
用的推車
冰箱
利用窗戶消除盡頭感，同時帶來良好的通風與採光

（鵠沼海岸之家）

作業空間寬敞的廚房（平台型）

由於寬度超過3m，因此作業時行動自如。

●廚房的規格
W=3100 mm
D=900 mm
H=850 mm

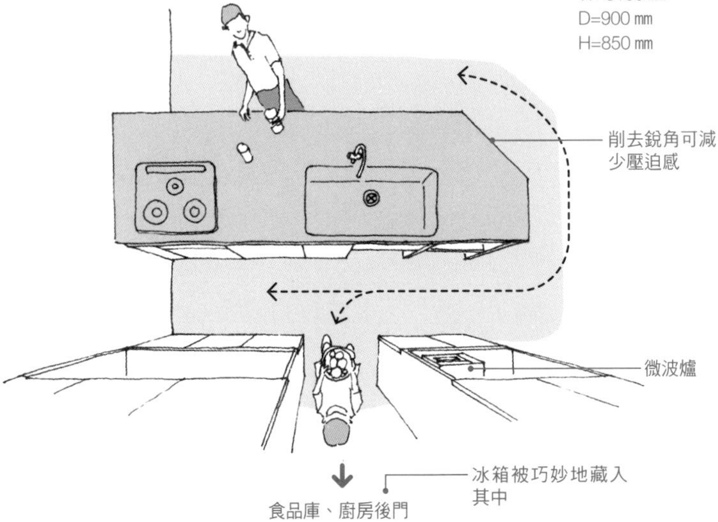

削去銳角可減少壓迫感
微波爐
食品庫、廚房後門
冰箱被巧妙地藏入其中

（久我山之家）

沒有盡頭的廚房（遮蔽式櫃台型）

動線流暢，可通往舒適的木造露台、
食品庫和倒垃圾用的廚房後門。

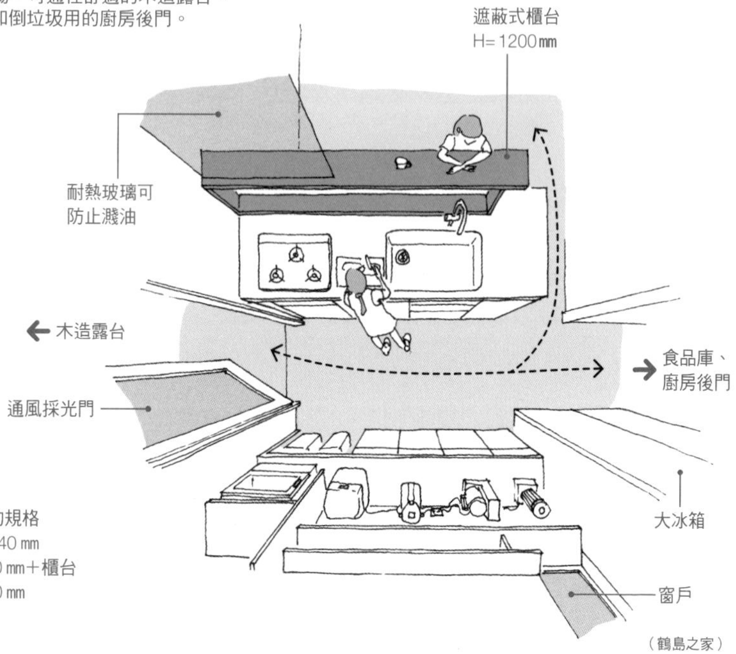
遮蔽式櫃台
H=1200㎜
耐熱玻璃可
防止濺油
木造露台
食品庫、
廚房後門
通風採光門
大冰箱
窗戶

●廚房的規格
W=2540㎜
D=600㎜+櫃台
H=850㎜

（鶴島之家）

機能性十足的整潔廚房（遮蔽式櫃台型）

流理台下方的收納沒有裝門，不僅
充滿開放感，取放物品也很方便，
隨時都能保持整潔。

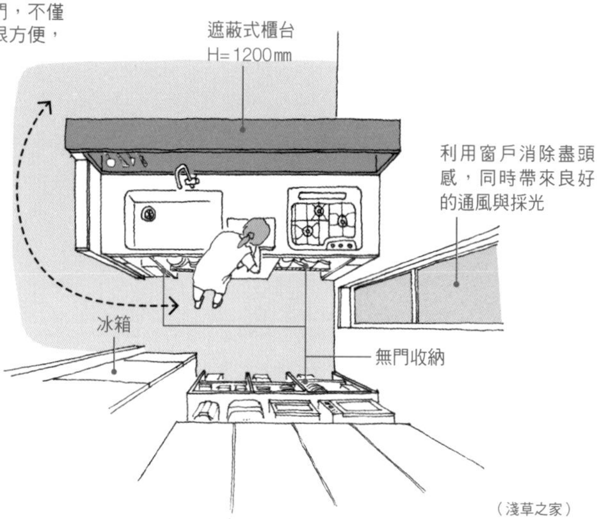
遮蔽式櫃台
H=1200㎜
利用窗戶消除盡頭
感，同時帶來良好
的通風與採光
冰箱
無門收納

●廚房的規格
W=2300㎜
D=600㎜+櫃台
H=850㎜

（淺草之家）

只要有水和火……從古至今，廚房其實並沒有多大的進步

繩文時代的豎穴式家屋，家的中心是廚房。

江戶時代後期的長屋內有桶子和炭火爐。

茶室旁的水屋內有日式流理台。

不知是為了進行災害訓練，還是對原始懷抱憧憬的烤肉……。

改造成適合自己的廚房

人類自古以來便逐水而居。而在乾淨的水邊升火，基本上就已具備廚房的概念了。

既然住家的格局可以自由設計，廚房當然也不例外。開放式的島型廚房、可容納多人的寬敞廚房、作業效率佳的ㄇ字型、有如主婦本營的獨立型等等，從經過改造的廚房可以看出一家人的個性。

開放式島型廚房

猶如獨立家具的廚房，不僅要有可隱藏的牆面收納，同時也追求時尚感。

●廚房的規格
W=2700 mm
D=900 mm
H=875 mm

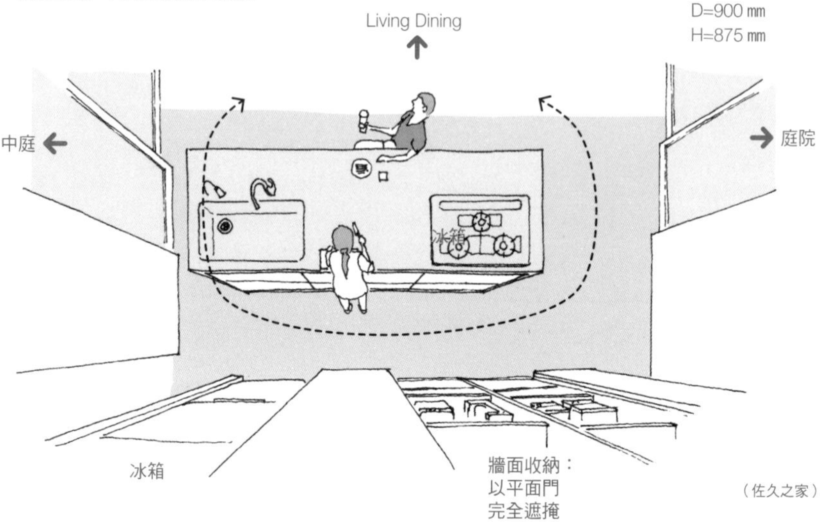
Living Dining
中庭
庭院
冰箱
冰箱
牆面收納：
以平面門
完全遮掩

（佐久之家）

有如主婦本營的獨立型廚房

重視作業效能的廚房類型，
配餐及收拾工作可全家人一同參與。

●廚房的規格
W=2500 mm
D=700 mm
H=850 mm

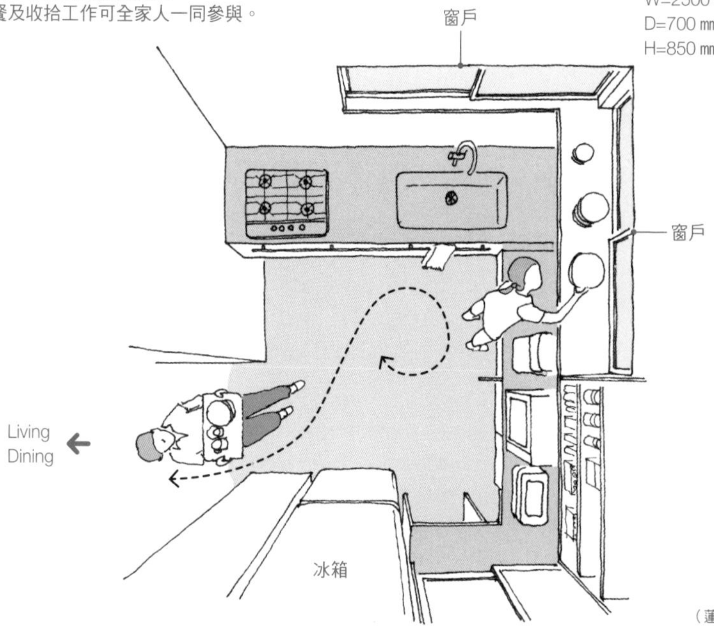
窗戶
窗戶
Living
Dining
冰箱

（蓮根之家）

作業效率佳的ㄇ字型廚房

精簡好用的作業空間，適合狹小住宅或忙碌的雙薪家庭。

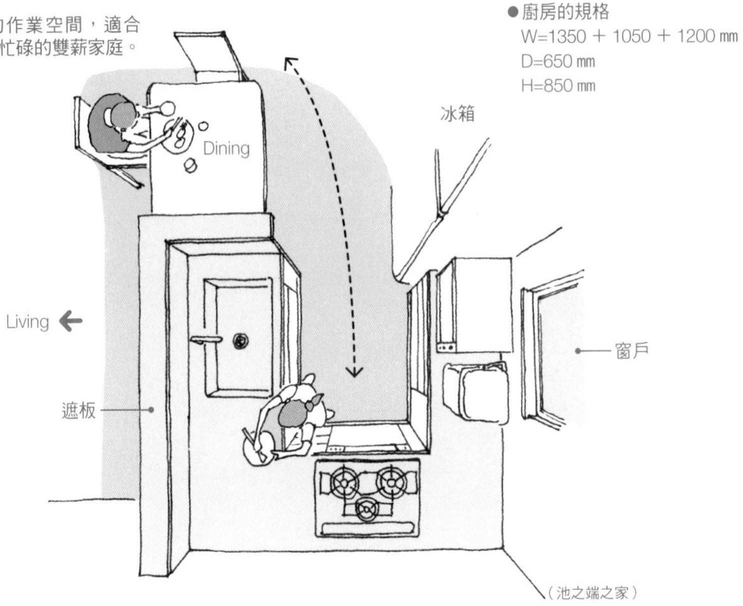

●廚房的規格
W=1350 ＋ 1050 ＋ 1200 mm
D=650 mm
H=850 mm
冰箱
Dining
Living
窗戶
遮板
（池之端之家）

靠牆I型＋島型廚房

寬敞度足以讓全家一起下廚，沒有盡頭的動線令人不覺壓迫。

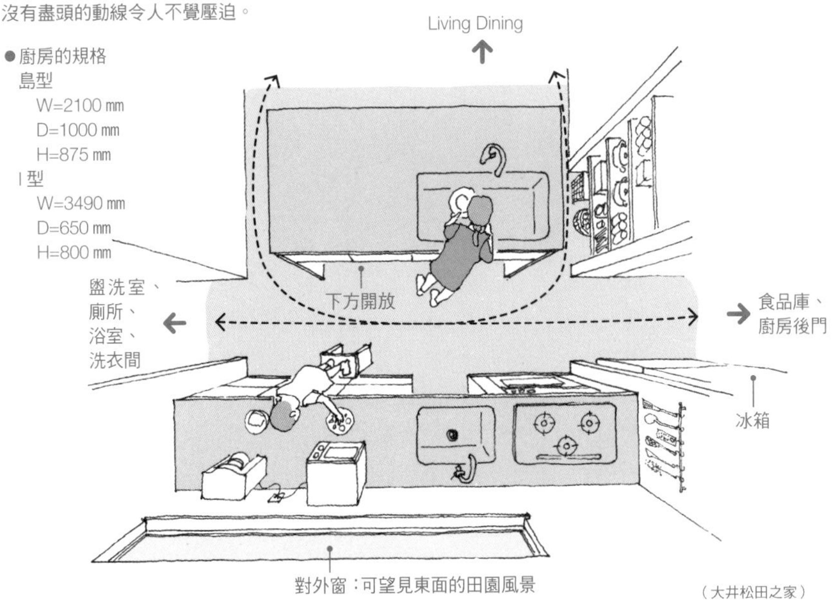

●廚房的規格
島型
W=2100 mm
D=1000 mm
H=875 mm
I 型
W=3490 mm
D=650 mm
H=800 mm
Living Dining
盥洗室、
廁所、
浴室、
洗衣間
下方開放
食品庫、
廚房後門
冰箱
對外窗：可望見東面的田園風景
（大井松田之家）

親子可悄悄地確認彼此的表情

喲！老媽，我回來了
媽，我出門了
早上
察覺孩子的變化…

玄關
洗手台
孩子房
砰…

與LDK相通的孩子房

時常有人說，玄關直通孩子房的動線會讓孩子學壞。

仔細觀察孩子每天回家時的變化、傳遞出來的訊息，對現代的父母來說也是一項應盡的義務。為此，除了將孩子房安排在對孩子而言不便的路線上，若能在通往房間的路線上配置洗手台或漱口的設備，更可望改善孩子的生活習慣。

關鍵在於玄關與樓梯之間的路線

要讓LDK和孩子房位於同一樓層相當困難。

1樓LDK／2樓孩子房

通過LDK正中央的路線最為理想。

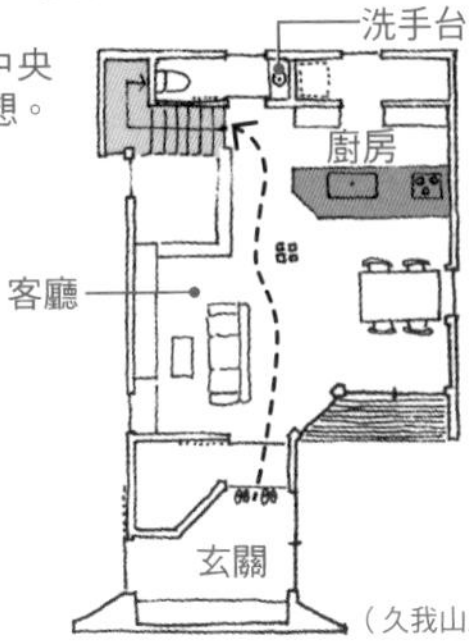
洗手台
廚房
客廳
玄關

（久我山之家）

可環視整個LDK的路線

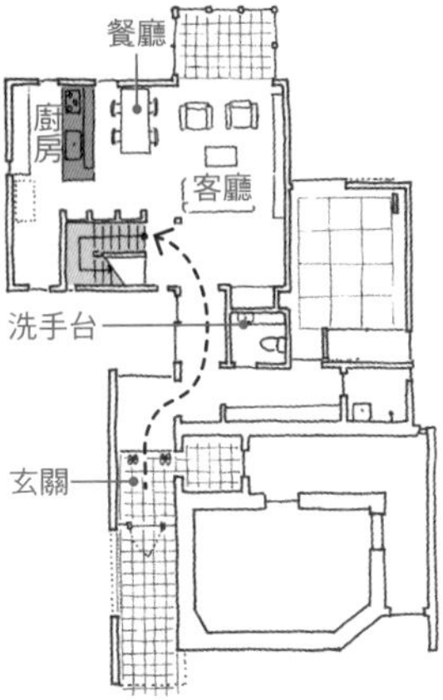
餐廳
廚房
客廳
洗手台
玄關

（鶴島之家）

依序通過客廳、餐廳的路線。

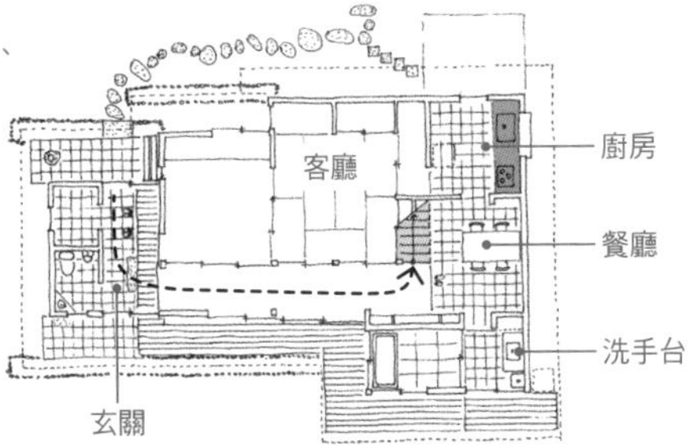
客廳
廚房
餐廳
洗手台
玄關

（下總中山之家）

2樓LDK／3樓孩子房

可選擇要通過客廳或餐廳的路線。

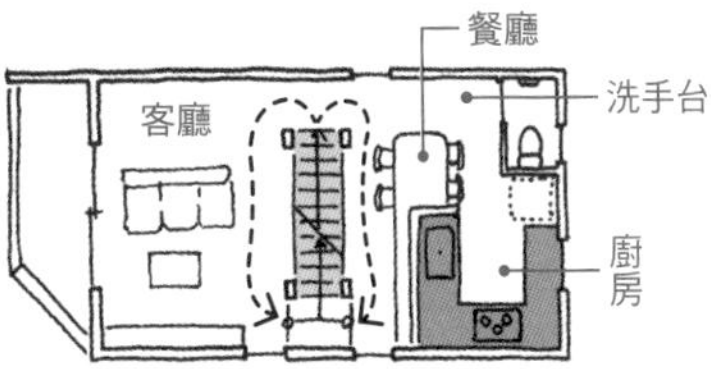
餐廳
客廳
洗手台
廚房

（池之端之家）

行走距離漫長的路線

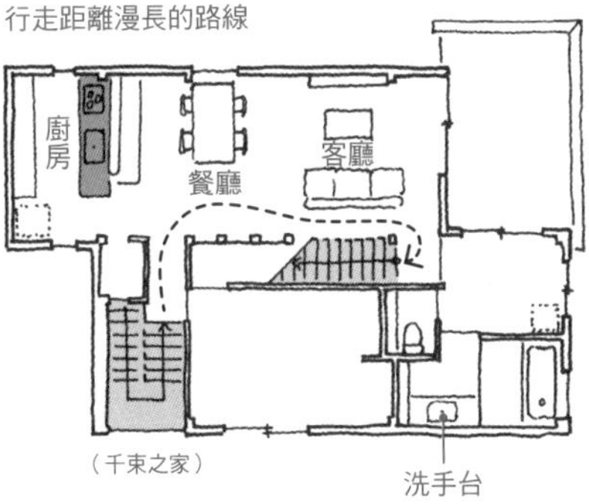
廚房
客廳
餐廳
洗手台

（千束之家）

2樓LDK／2樓孩子房

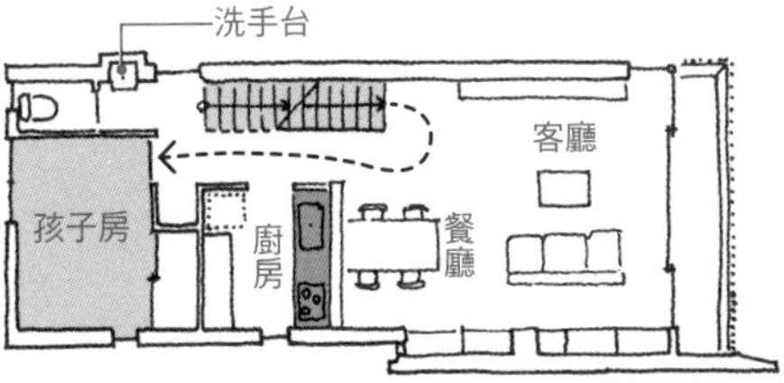
洗手台
客廳
孩子房
廚房
餐廳

LDK和孩子房位於同一樓層的幸福路線。

（淺草之家）

在屋頂閣樓培養想像力的孩子房

屋頂閣樓、閣樓、頂樓……自古無論大人或小孩都無法抗拒這些單字，因為那是家中感覺最隱密、最安全的地方，也是一個母親似乎「比較不會」拿著洗好的衣物闖進來的寧靜空間。孩子不久之後便會離家獨立，身為父母，不妨準備一個能夠放心讓他們盡情想像、幻想的「屋頂閣樓風」孩子房吧。

想像力漫天飛舞

天花板挑高處有閣樓的孩子房

運用2樓（頂樓）天花板的形狀和高度打造孩子房。天花板高度1.4m以下的閣樓不算是一個「樓層」。

（鶴島之家）

在天花板低矮處擺設書桌的孩子房

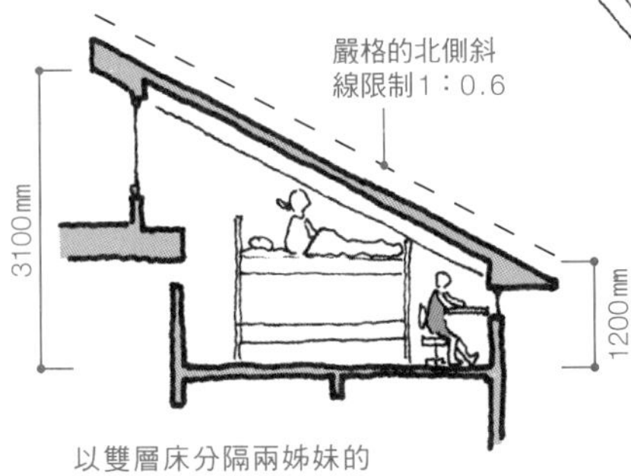

以雙層床分隔兩姊妹的空間，這樣的作法很適合狹小住宅。

（幡谷之家）

攀爬、溜滑、懸掛、搖晃

攀爬桿

利用樓梯扶手的支柱製作，是從Alvar Aalto的「Villa Mairea」[※]所得到的靈感。

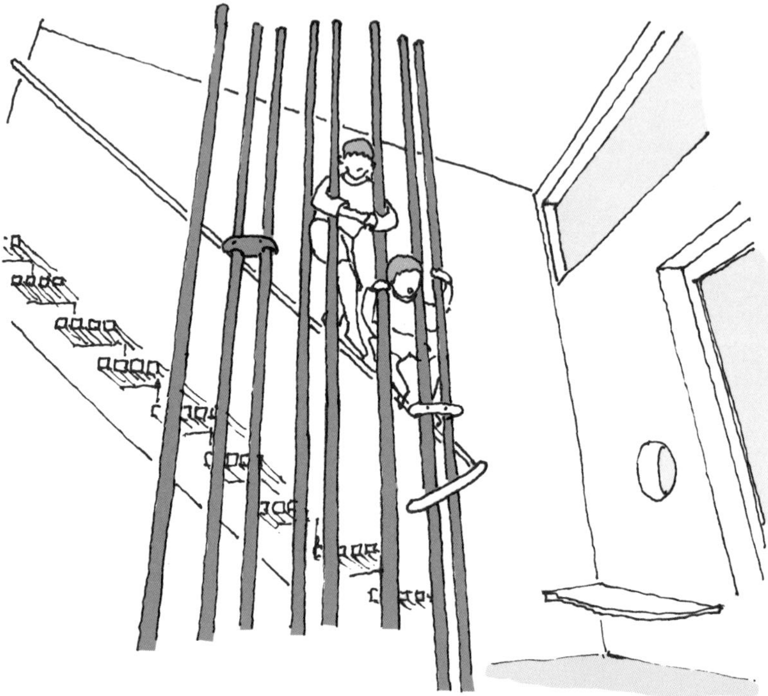

讓住家成為一座遊樂園

不可以爬上去！不可以滑下來！不可以掛在那裡！家中每天都響起母親的喝止聲，結果當媽媽的累得筋疲力盡，孩子們卻依然精力充沛；然而即便買給孩子巨大的塑膠玩具，孩子也總是沒多久就玩膩，玩具最後只能收進壁櫥裡。既然如此，不如試著從一開始就讓整個家成為遊樂設施吧，這樣的住宅結構意外地堅固，更重要的是能夠大大發揮住宅的可能性。

[※]芬蘭世界級建築師Alvar Aalto所設計的知名住宅（1939年完工）

吊椅

Nanna Ditzel[※]所設計的吊椅。
在結構梁上設置環首螺栓，然後裝上吊椅。

雲梯

彎曲鋼管並施以塗裝，然後裝設在2樓地板下的橫木上。對大人來說也是很實用的「懸掛健康器材」。

溜滑梯

從2樓的壁櫥內溜下，梯面使用鍍鋁鋅鋼板。須小心不要滑過頭！

2樓壁櫥

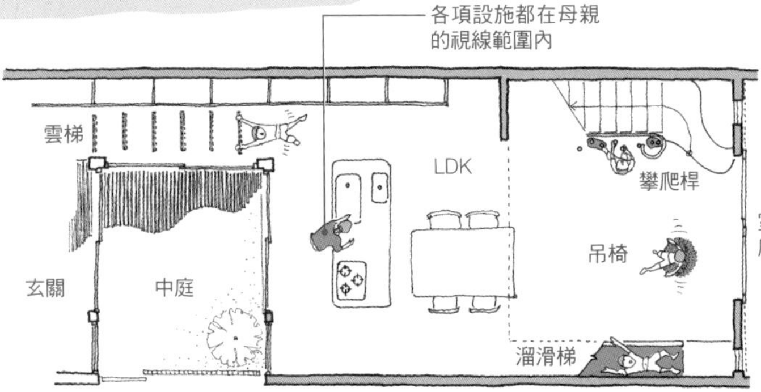
各項設施都在母親的視線範圍內
雲梯
LDK
攀爬桿
室外庭院
吊椅
玄關
中庭
溜滑梯

（檢見川之家）

[※]丹麥的女性家具設計師

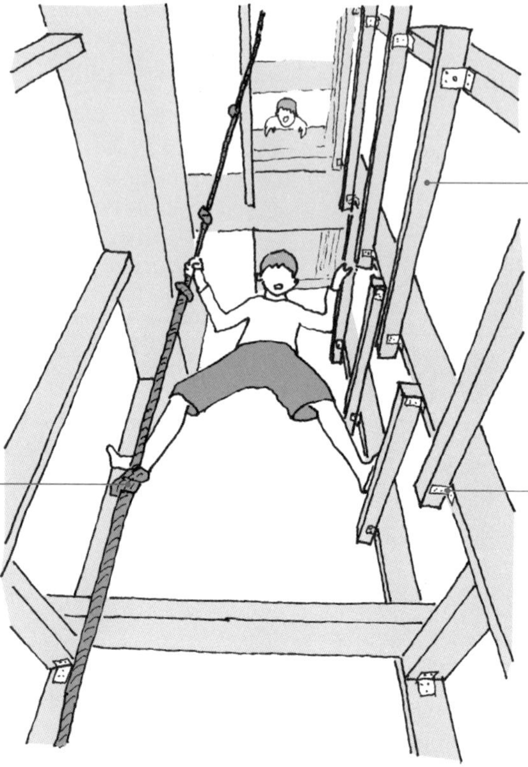
蓋房子剩餘
的木材
附有繩結
的繩索
螺絲、螺栓等
可自行取下的
五金零件

將電梯井打造成暫時的競技場

假使將來想要設置家用電梯但現在還不需要，就必須事先保留電梯的設置地點。一般人通常會在安裝電梯之前將電梯井當成收納使用，不過在那個挑高空間內打造一座木製攀爬架也是不錯的嘗試。只要利用蓋房子剩餘的木材做出安全的基底結構，完工後就能依照男主人的想法完成了。

由做父親的來實現孩子的夢想

重點在於不藉助設計師、施工業者之力，
全家人一起完成更有意義。

也可以加上傳聲管，打造成潛水艇或秘密基地。

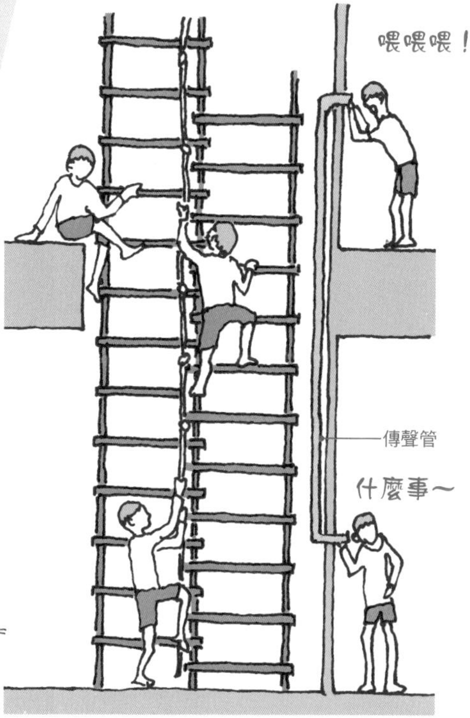
喂喂喂！
傳聲管
什麼事～

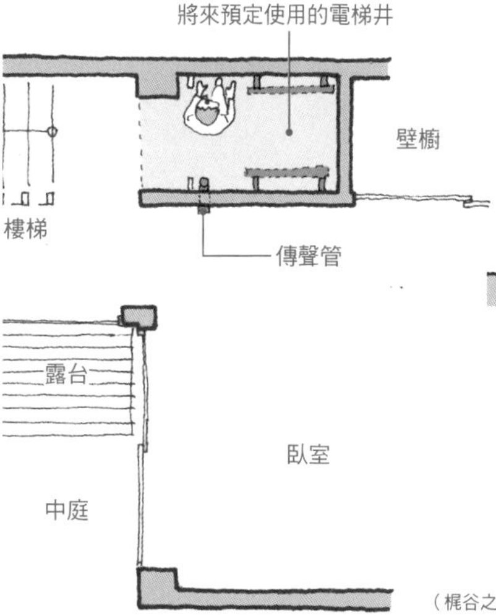
將來預定使用的電梯井
壁櫥
樓梯
傳聲管
露台
臥室
中庭

（梶谷之家）

若要追加材料

寬2英吋的木材有專用的五金和螺絲，可於家飾賣場以低價購得。
2×4=38㎜×89㎜

（梶谷之家）

這是藉著稍微降低壁櫥高度（h=1500㎜）所產生的空間。待在這裡，會感覺自己好像變成一隻喜歡從高處俯視的貓咪⋯。

在隱密空間中營造飄浮感

不只是小孩子，就連大人也深受隱密空間這幾個字吸引，因為那是一個不會受任何人打擾的小小私密空間。在充滿各項機能與性能的住家中，設置這樣無意義的小天地也是很重要的。只要在壁櫥上方、樓梯之上，或是挑高處旁多花一點心思，就能打造出令人安心的隱密空間。

樓梯上方的隱密空間

這個位於樓梯上方的空間很難從平面圖上察覺。因為只當成收納庫實在太浪費，於是便將其打造成充滿奇妙飄浮感的小天地。

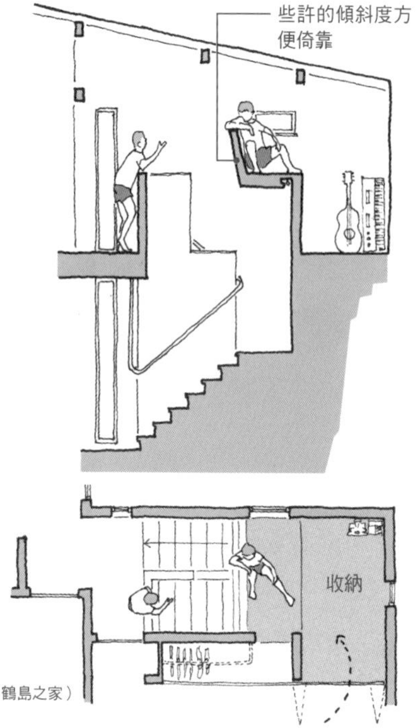
些許的傾斜度方便倚靠
收納

（鶴島之家）

挑高處旁的隱密空間

挑高處旁的空間是一個能夠眺望屋頂露台的寧靜場所，特色是不會完全與外界隔絕，還是能夠與LDK保持連貫。

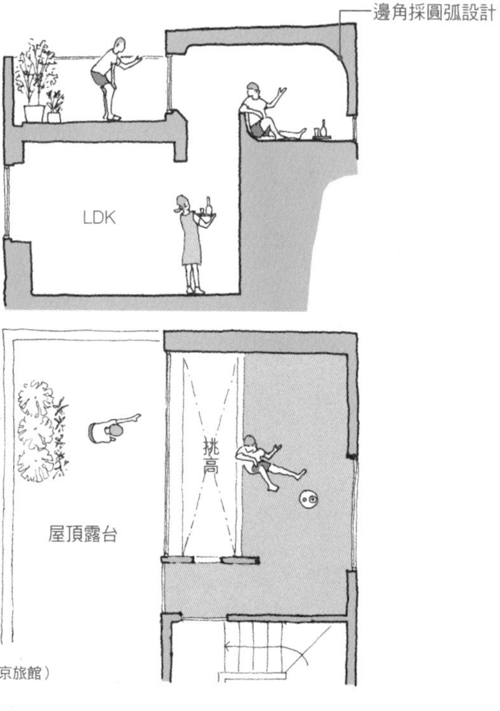
邊角採圓弧設計
LDK
挑高
屋頂露台

（東京旅館）

和室？不，叫它榻榻米房吧

儘管現在的住宅普遍都鋪設木頭地板，不過榻榻米房並沒有因此而消失。像是作為育兒時期的臥室，或是鋪上墊被當成客房、遊戲區等等，榻榻米房的強大功能性今後想必也不會減退。由於房內的氣氛會隨著榻榻米的鋪法、大小、形狀等產生微妙的變化，因此可以自由打造出適合各家生活方式的榻榻米房，而毋須謹守古板的和室陳設規則。

江戶間與京間的尺寸不同

由於榻榻米是一張一張地製作，因此尺寸的變化可以說相當有彈性。

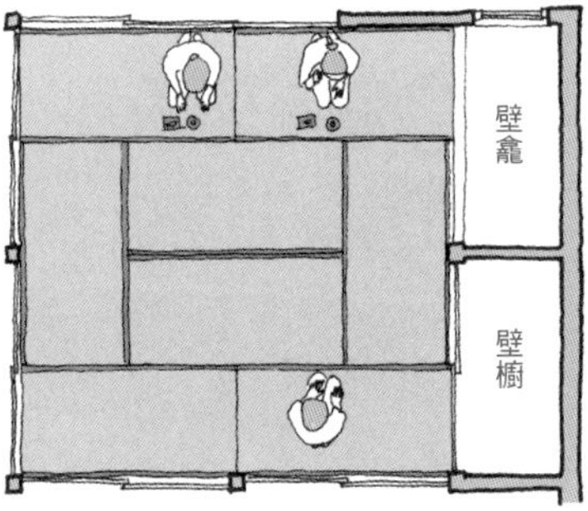

（下總中山之家）

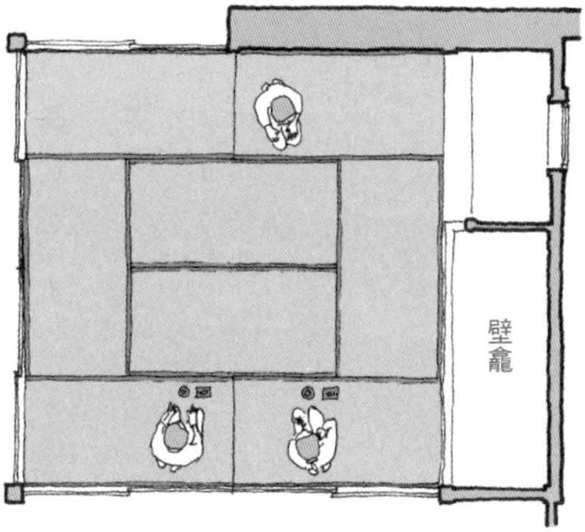

（國立之家）

江戶間

榻榻米的大小：880×1760mm
8張的面積：12.39㎡

京間

榻榻米的大小：955×1910mm
8張的面積：14.59㎡

差了2.2㎡，也就是一張以上！
（1.17倍）

具可變動性的榻榻米房

就寢時是3間4張半榻榻米大的個人房，一旦拆掉紙拉門，立刻就變成三間房相通的大客廳。

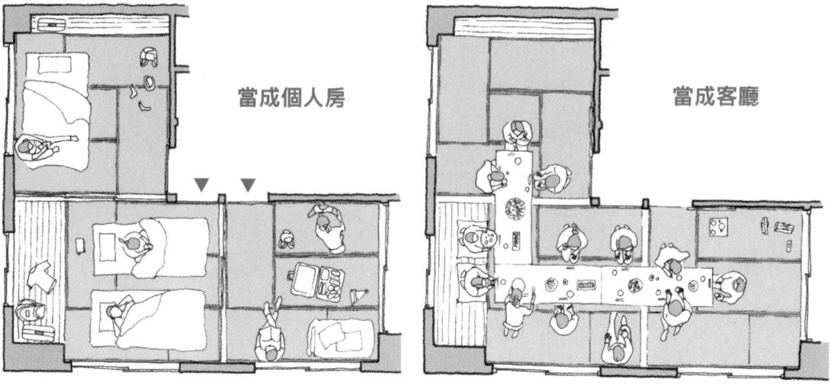
當成個人房
當成客廳

（東京旅館）

不遵循傳統的榻榻米房

榻榻米沒有鋪滿整間房，8張榻榻米大的房內只鋪了大約6張無邊榻榻米，藉以消除上座下座的拘謹感。壁龕也採用沒有立柱、押板深度較淺的設計。

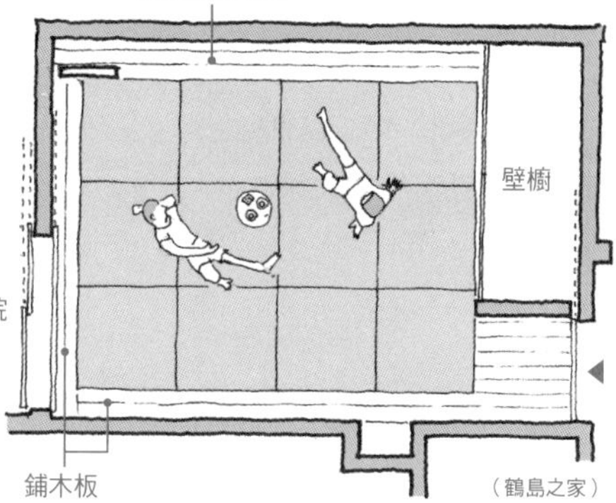
深度淺的壁龕
壁櫥
庭院
鋪木板

（鶴島之家）

作為臥室的榻榻米房

當孩子還小時，全家一同就寢的房間大小以7.5張榻榻米為宜。8張榻榻米會呈正方形，不方便鋪多條被子。有擺床的房間只能當成臥室使用，白天幾乎無法挪作他途，但若是榻榻米房，只要收起棉被就能作為孩子的遊戲區或客房，即便是白天也能有效利用空間。

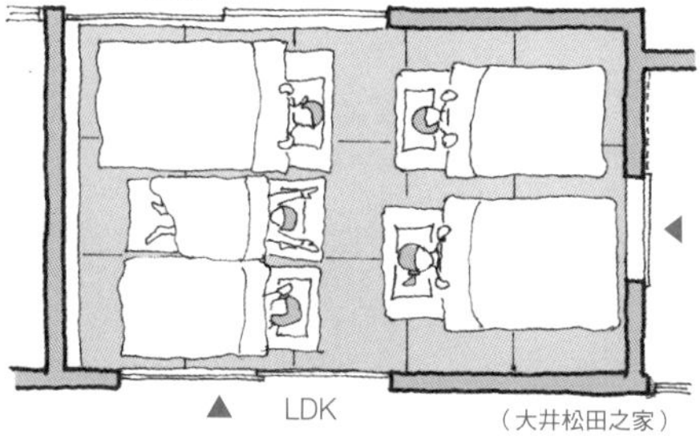
庭院
衣櫥
LDK

（大井松田之家）

上演漫長人生中各種情景的住家

喪禮

在醫院病逝後，直接被送往喪葬會場，接著是火葬場……
真希望至少能夠在自家守靈。

即使無法容納所有人，人們也能從土間、庭院守護逝者……

能夠在榻榻米上結束生命的幸福

不知從何時開始，婚喪喜慶、茶會這類聚集眾人的活動都不再在「家」裡舉辦。非但如此，隨著沒有客人上門、造型宛如巢穴或防空洞的住宅日增，承辦各項活動的業者反而因此大發利市。住家應該擁有更高的潛力才對，假使不舉辦喪禮就另當別論，但建議您在設計住家時，不妨可以試著想像漫長人生中的各種情景。

日常

要是有爺爺、奶奶、母親、父親和孫子，
全家三代隨時都能團聚的寬敞空間該有多好？

宴會

除了慶生會，還有慶祝入學、慶祝畢業、慶祝勝利、慶祝找到工作、
慶祝結婚、慶祝生產，甚至是慰勞會……人生中充滿了許多祝福。

茶會

儘管現在認為自己才不會參加什麼茶會，但人的興趣嗜好是會隨著年紀
增長改變的，而和服、浴衣終究和榻榻米最相稱。

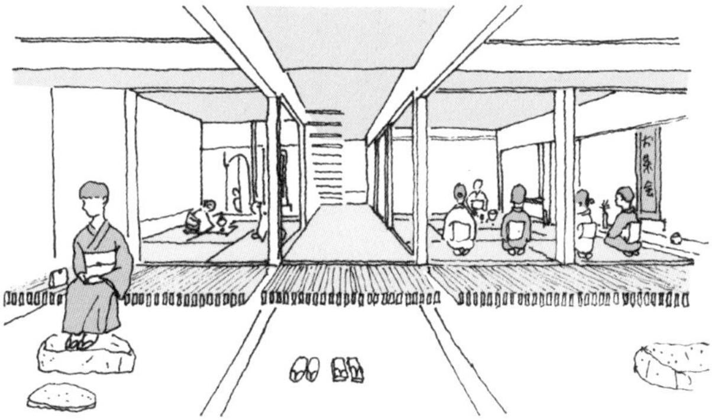

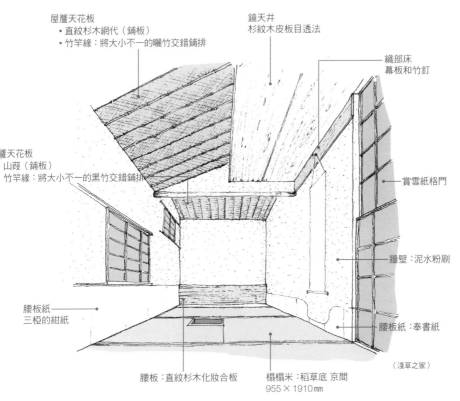

複製貼上？不，這是「仿作」

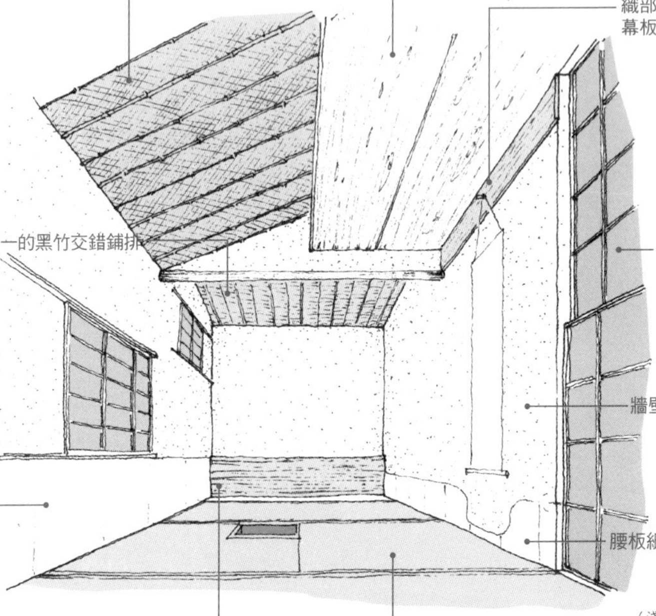
屋簷天花板
• 直紋杉木網代（鋪板）
• 竹竿緣：將大小不一的曬竹交錯鋪排
鏡天井
杉紋木皮板目透法
織部床
幕板和竹釘
簷天花板
山葭（鋪板）
竹竿緣：將大小不一的黑竹交錯鋪排
賞雪紙格門
牆壁：泥水粉刷
腰板紙
三椏的紺紙
腰板紙：奉書紙
腰板：直紋杉木化妝合板
榻榻米：稻草底 京間
955 × 1910㎜
（淺草之家）

充滿模仿手法的茶室

自古在書畫、陶藝的世界裡，便將仿效名作的作品稱為「○○的仿作」，雖然將仿作稱為真品有偽造之嫌，不過模仿這件事情本身並非壞事。仿作無法超越原作，也不需要執著於完全地複製，只要從名作中擷取最重要的精髓，改變成符合自身能力的形式，賦予日常生活豐富的情趣即可。

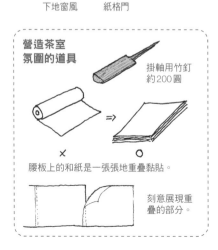

重點在於高度、寬敞的基本規則

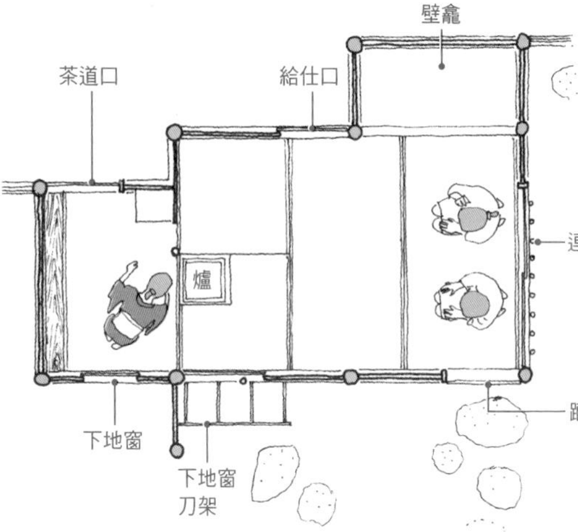

壁龕
茶道口
給仕口
爐
連子窗
躙口
下地窗
下地窗
刀架

不審庵（平三疊台目）

不審庵是千利休所設立的茶室名稱，現由表千家繼承。

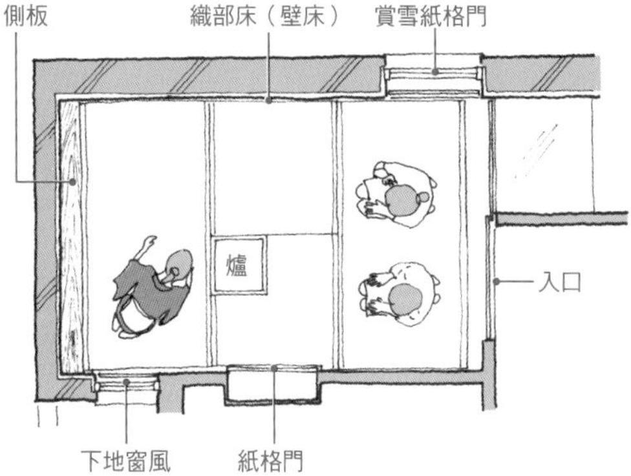

側板
織部床（壁床）
賞雪紙格門
爐
入口
下地窗風
紙格門

淺草之家 茶室

平三疊廣間切（又稱平三疊下切）。
這是為了平時有在表千家學習茶道的屋主，在住家一隅設置的練習用茶室。雖然用的是隨手可得的便宜材料，不過這也許正符合茶道的精神吧……

營造茶室氛圍的道具

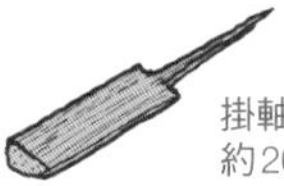

掛軸用竹釘
約200圓

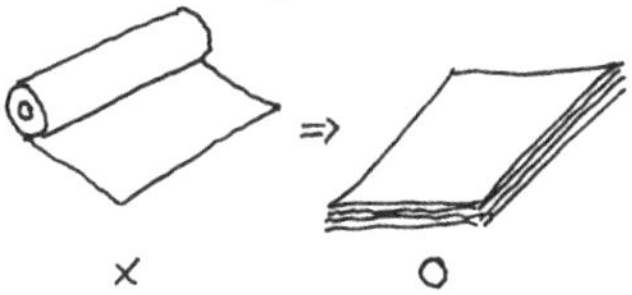

⇒
×
○

腰板上的和紙是一張張地重疊黏貼。

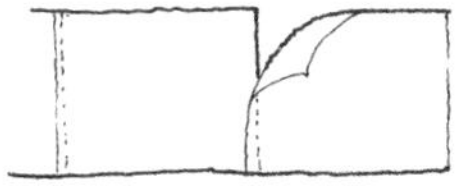

刻意展現重疊的部分。

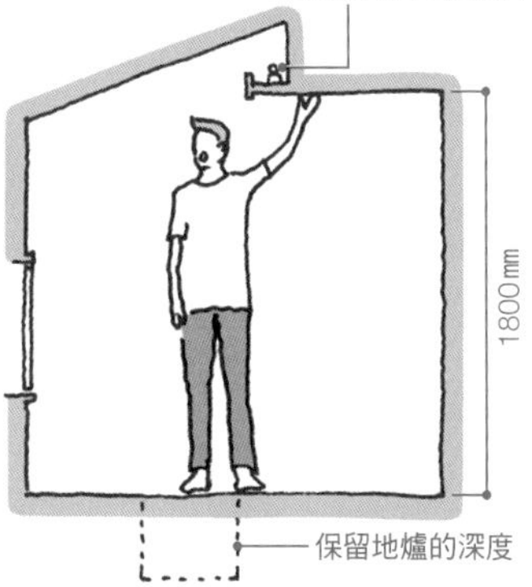

間接照明（日光燈）
1800㎜
保留地爐的深度

相對於大尺寸的榻榻米（955×1910㎜），低矮的天花板令人有完全沉浸在茶道精神中之感。

只能通往房間的走廊

好不容易蓋了透天住宅，內部卻像飯店一樣冰冷死板，
這樣實在有點……

走廊不能只有通行的功能

飯店和高級公寓的走廊總是讓人心生不可駐足停留的心虛感。可以的話，真希望家中沒有那種感覺冷冰冰的走廊，但話雖如此，也不可能讓走廊完全消失……

既然如此，不如賦予只有通行功能的「走廊」某個特別的任務，讓走廊不再是原來的走廊，之後，再進一步將走廊打造成家中一個令人感到放鬆的舒適空間。

室內曬衣場＋漫畫區

在3樓有如日光室的室內曬衣場裡，設置擺放漫畫、公仔的櫃子。

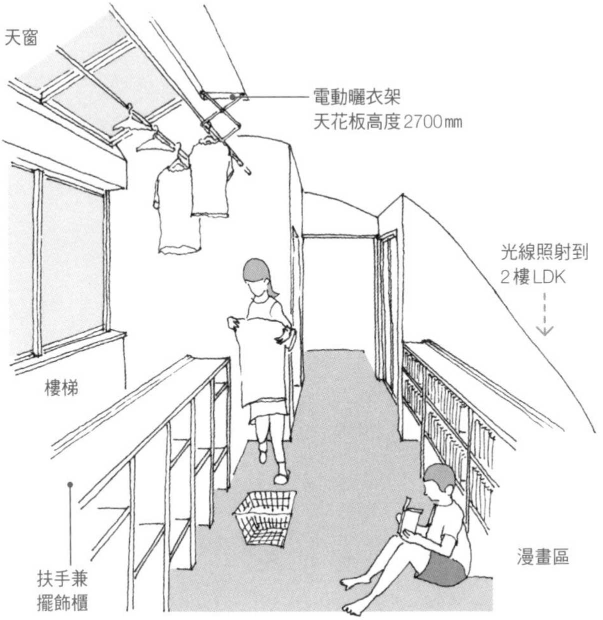
天窗
電動曬衣架
天花板高度2700㎜
光線照射到
2樓LDK
樓梯
扶手兼
擺飾櫃
漫畫區

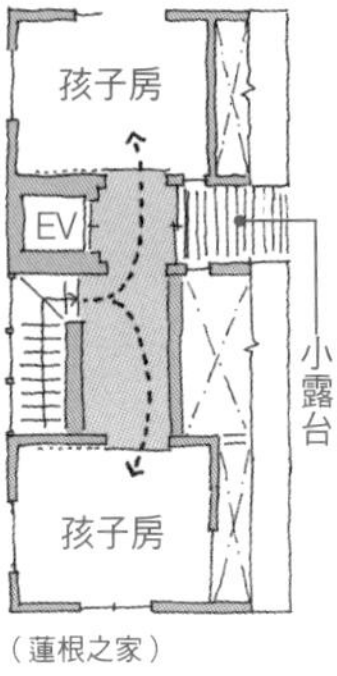
孩子房
EV
小露台
孩子房
（蓮根之家）

陳列區

進入玄關後，立刻就會看到充滿柔和光線的中庭。在中庭旁設置擺飾櫃，作為陳列區使用。

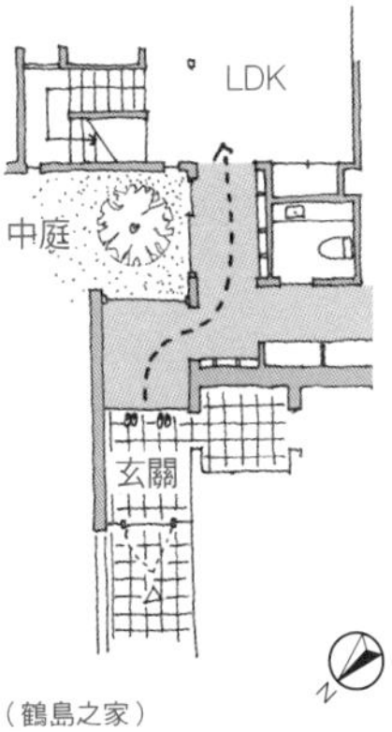
LDK
中庭
玄關
（鶴島之家）

中庭
擺飾櫃
往LDK

以木材組成的樓梯

配合日式摩登的室內氛圍，以組子細工（木片工藝）般的細膩手法組裝木材。

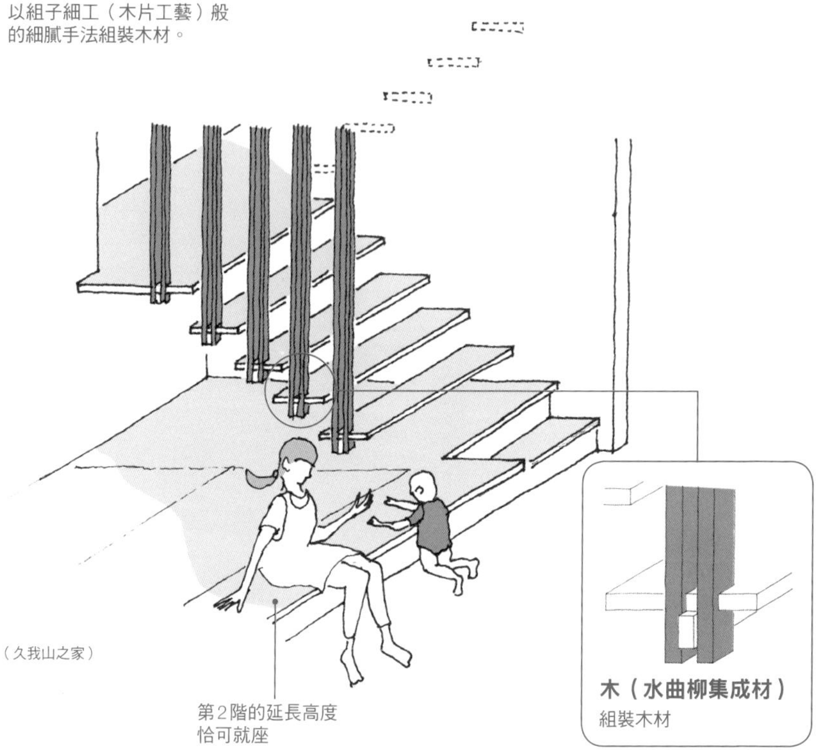
（久我山之家）
第2階的延長高度
恰可就座
木（水曲柳集成材）
組裝木材

讓樓梯成為貼近人們的家具

如果是耐火建築或大型建築物，一般都是將在工廠製作好的鋼骨樓梯運至現場安裝，但是在住宅裡可以用不一樣的方法製作樓梯，也能以木材為主，適才適所且巧妙地搭配上金屬規格品、螺絲、螺栓等，創造出一座富有個性的樓梯。

那座精巧的樓梯在不久之後，將變得像桌椅這類家具一般地貼近人們的生活。

以全牙螺栓懸吊木材的樓梯

以最少的材料，製作出完全不會搖晃而且堅固、簡約的樓梯。

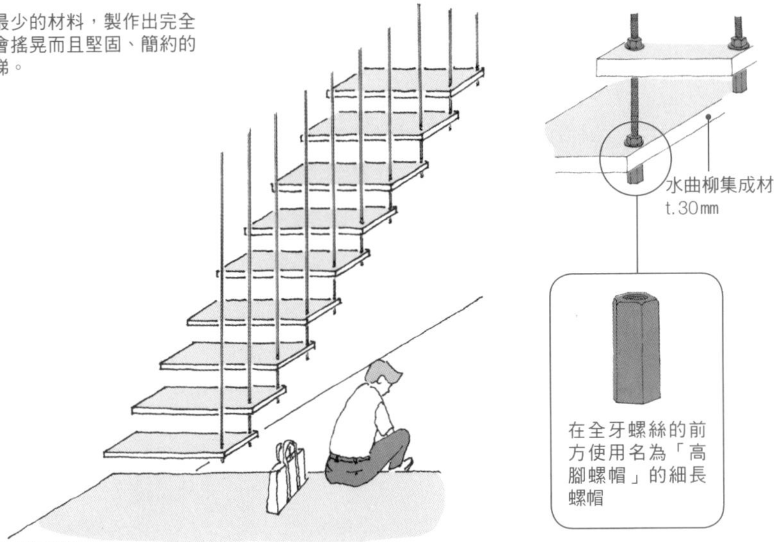
水曲柳集成材
t.30㎜
在全牙螺絲的前方使用名為「高腳螺帽」的細長螺帽

（鵠沼海岸之家）

以鐵、混凝土和木材組成的樓梯

巧妙地混搭3種素材，與室內裝潢達成平衡。

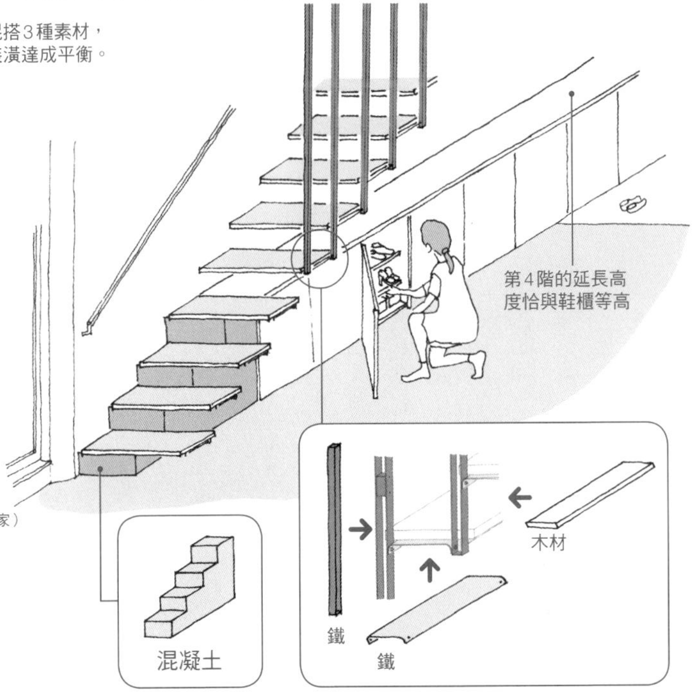
第4階的延長高度恰與鞋櫃等高
混凝土
鐵
鐵
木材

（淺草之家）

支撐樓梯的3要素

分頭支撐的樓梯

樓梯本來就是住宅中特異的結構體，有時設計感過於強烈，更會讓人有與平穩生活格格不入的感覺。要讓樓梯融入生活空間，必須將支撐樓梯的力量分成「承載、懸吊、夾住」這3部分。其次，假使能夠讓樓梯也具備「擺放、收納、就座」這類生活機能，便能更進一步讓樓梯成為生活空間的一部分。

延長踏板作為層架

延長高度可作為櫃台或收納的踏板，靈活地加以運用。

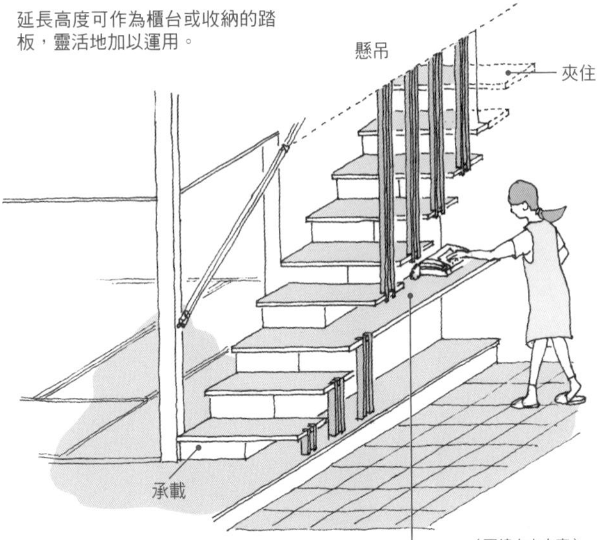
第3階的延長是電話架也是櫃台

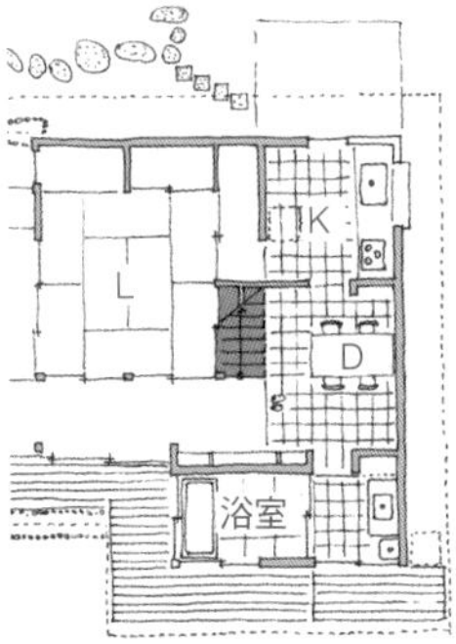

（下總中山之家）

利用樓梯下方的空間作為收納

從一開始便想好要擺放什麼，徹底利用樓梯下方的空間。

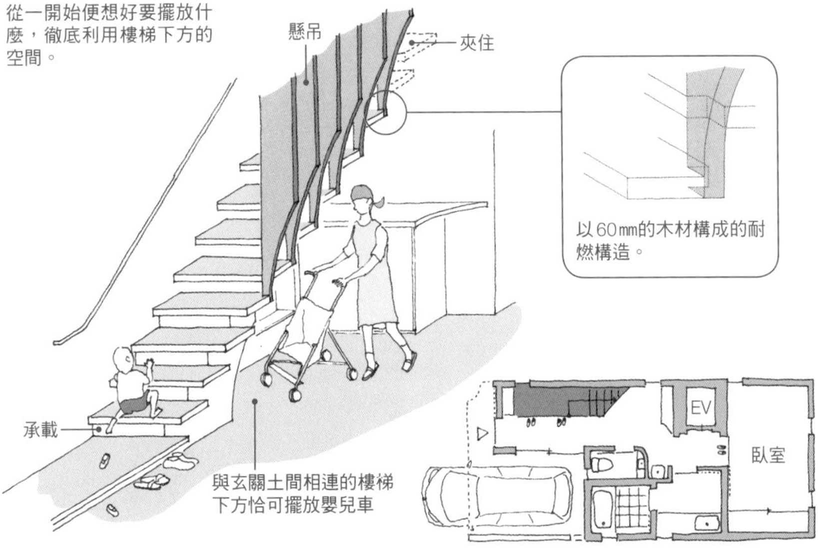

（蓮根之家）

為生活增色的土間

用爐灶做飯、整理收成的農作物、保養農具……從前的日本是以土間作為居家生活的中心地帶，然而隨著廚房被移到木板房，農業也走向機械化，土間於是漸漸消失在住宅之中。

不過到了現代，土間又重新被定位成屋外與室內之間的中間地帶，只要有了它，便能為日常生活增添些許活力與色彩。

帶來便利生活的土間

進行保養
設置擺飾櫃
稍事閒聊
雨天時的遊戲場
季節性的佈置
輕鬆停放嬰兒車
在客廳旁的小型土間設置木柴爐
父親化身假日木工

土間因與中庭相通而更加活躍

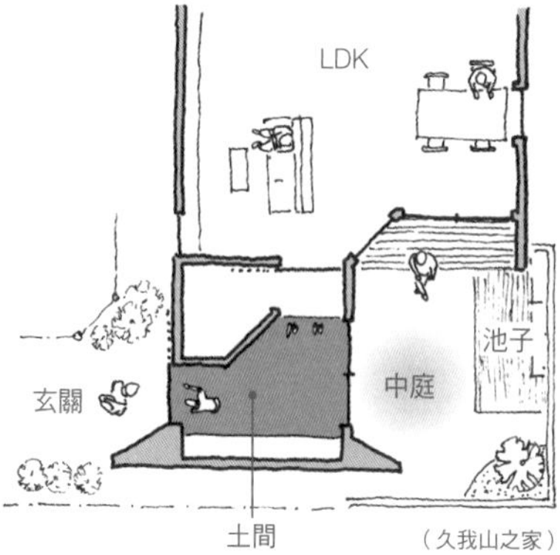
LDK
池子
中庭
玄關
土間
（久我山之家）

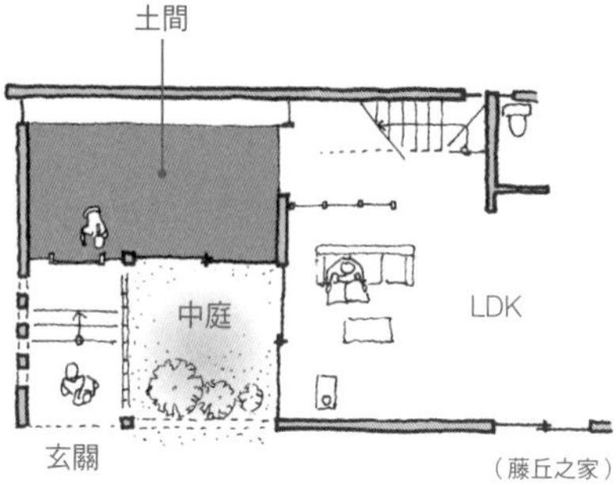
土間
中庭
LDK
玄關
（藤丘之家）

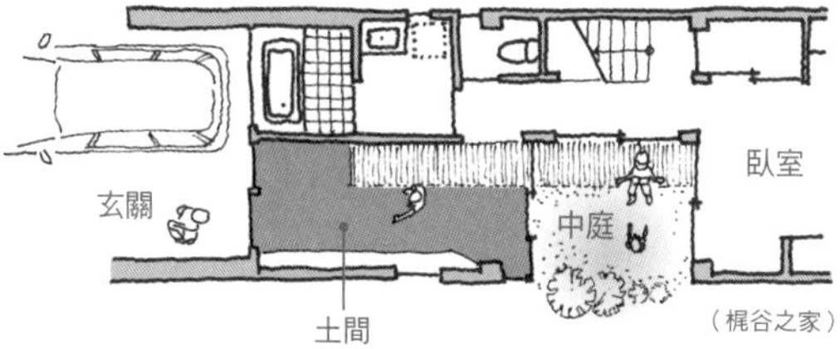
臥室
玄關
中庭
土間
（梶谷之家）

彼此連貫的通道、玄關、土間、中庭呈現出多變的景致。

從前的土間是生活工作區

地面不會因為用水而腐爛，也不會因為用火而燒起來。對以木材和紙建造的日本住宅來說，土間是非常堅固耐用的空間。

與中庭相連的玄關土間

寬敞的玄關土間總是令人心曠神怡，若是讓玄關與保有隱密性的中庭相連，則能創造出更多樣的用途；假使再進一步將板條地板延伸至緣廊，便能讓視覺上的連貫性更加明確，同時與室內產生緊密的連結。有「連貫性」就表示空間的界線模糊，而沒有明確界線的空間才真正蘊藏著許多生活的智慧。

LDK整個面向土間和中庭

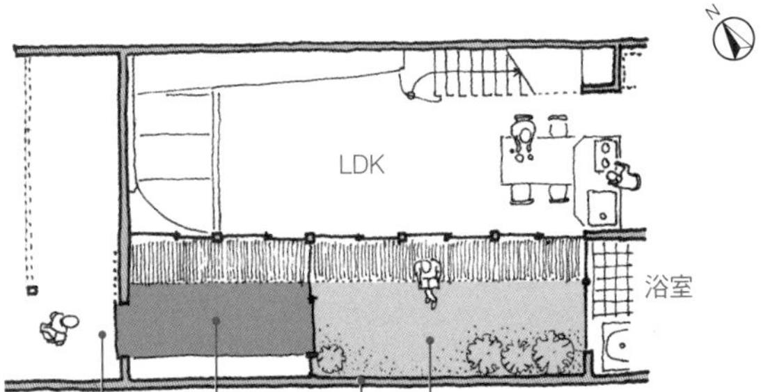
LDK
浴室
玄關
土間
中庭
利用遮蔽格柵確保隱私

連貫的緣廊板條模糊了內、外部空間的界線。

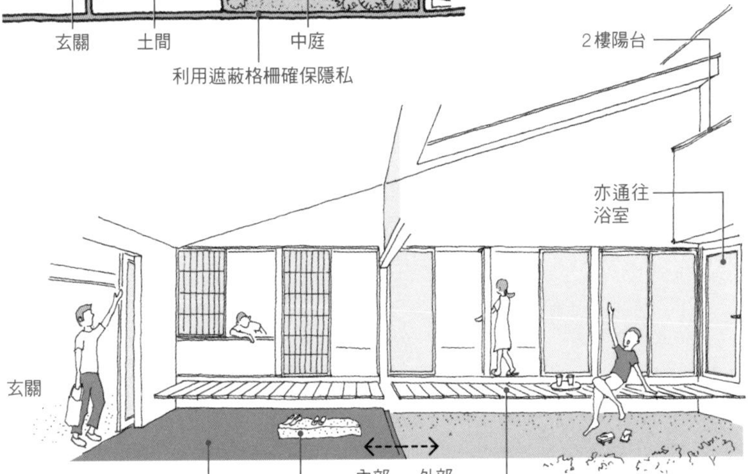
2樓陽台
亦通往浴室
玄關
土間
脫鞋石
內部
外部
連貫的緣廊板條

（生實野之家）

緣廊與板條的自由造型

在形狀有如「鰻魚床」的狹長住宅內，利用町家建築特有的通庭設計連貫空間。

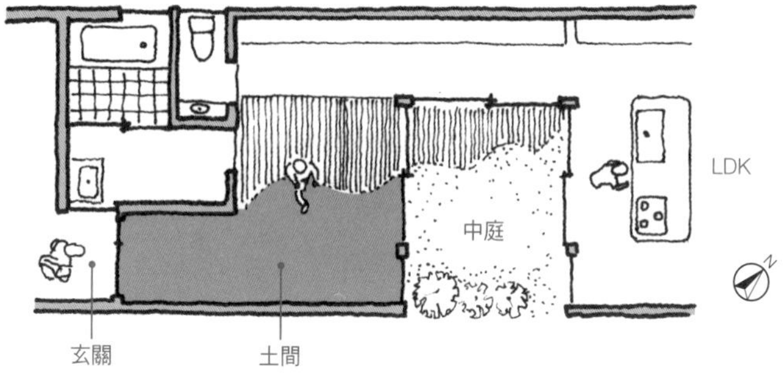
LDK
中庭
玄關
土間

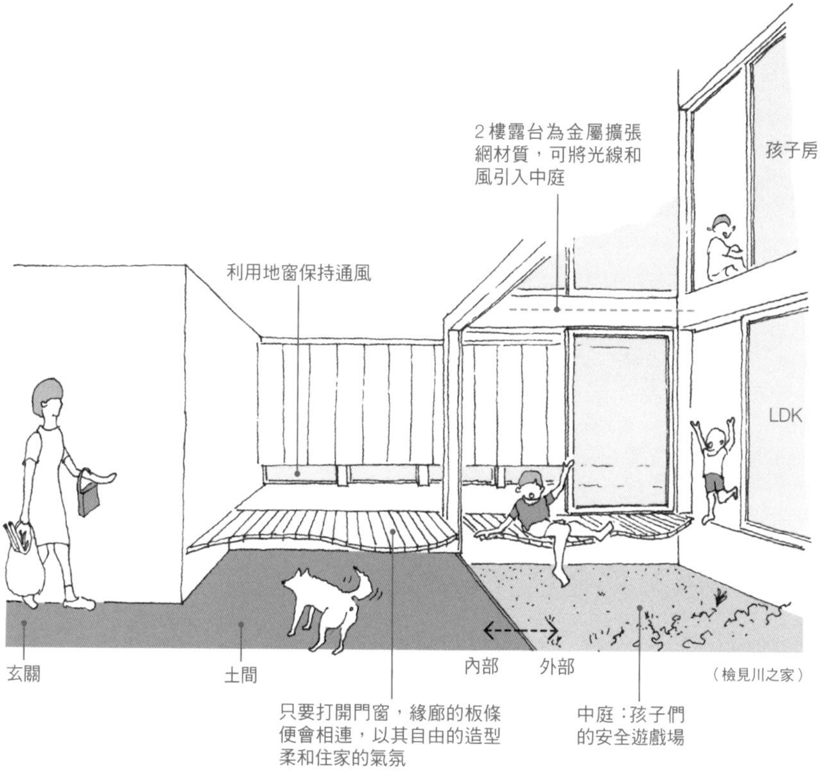
2樓露台為金屬擴張網材質，可將光線和風引入中庭
孩子房
利用地窗保持通風
LDK
玄關
土間
內部
外部
只要打開門窗，緣廊的板條便會相連，以其自由的造型柔和住家的氣氛
中庭：孩子們的安全遊戲場

（檢見川之家）

玄關土間、中庭、LDK和2樓的孩子房產生連貫的一體感。

彷彿又來到室外的玄關

一開門便能越過玄關望見中庭的設計，是基於「對外封閉、對內開放」的概念打造出私人空間。除了對訪客展現款待的心意外，您又打算如何迎接每天每晚從公司、學校返家的家人呢？倘若連住宅本身也能對返家的人們表達歡迎之意，想必一定會令人備感溫馨。

擁有2座中庭的玄關

中庭是面對玄關、LDK、臥室的生活中心地帶，以緣廊（板條）、草皮、磁磚這3種地板材質區分出不同的使用方式。

（佐久之家）

低矮的地窗式設計，與主要的中庭相互輝映

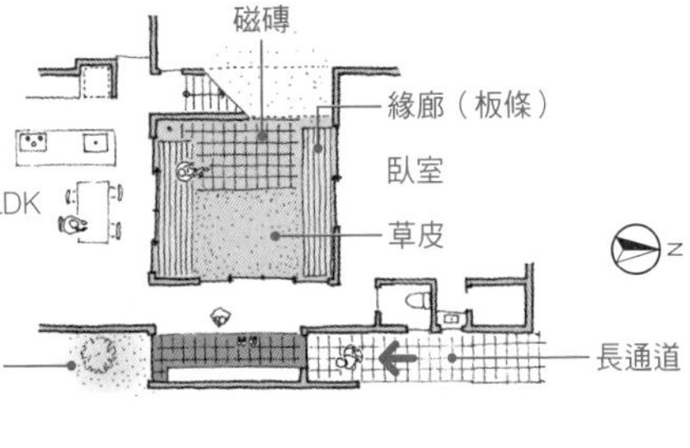

越過樓梯與中庭相對的玄關

感覺家人好像會從2樓跑下來迎接一般。一進入室內便能望見多重景致。

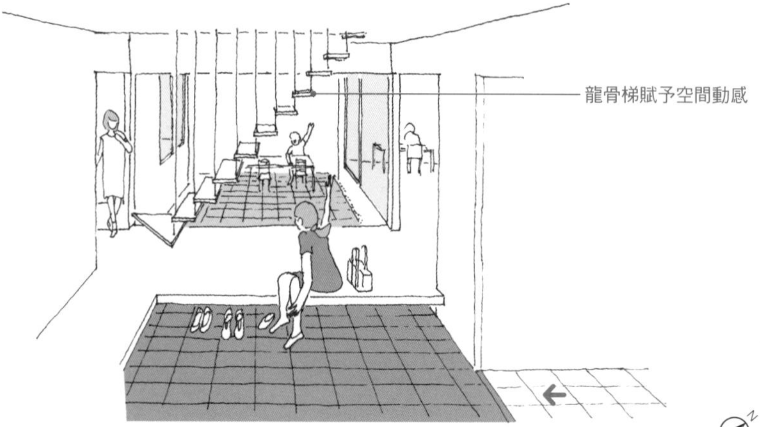

（逗子之家）

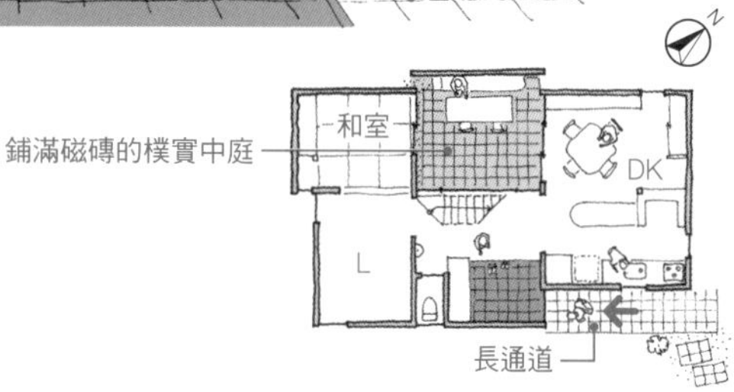

與北側的寧靜中庭相對的玄關

以沒有出入口的觀賞用坪庭式中庭，靜靜地迎接來訪的人們。

利用直達天花板的開口強調
與中庭的連貫感

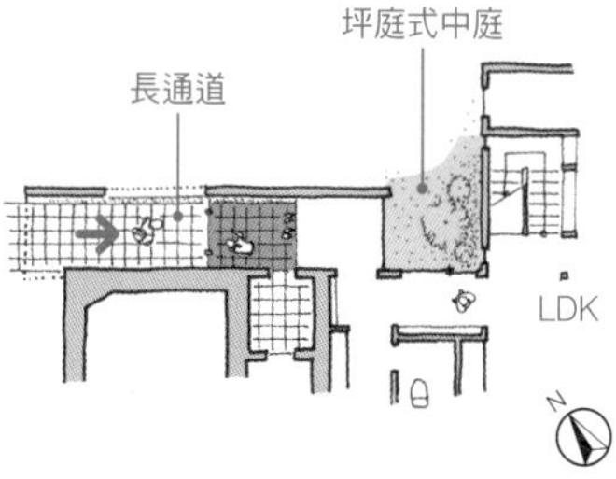

（鶴島之家）

心情也隨之轉換的長型土間

不妨試著改變一下「在玄關脫鞋，然後步上一層階梯前往各房間」這種看似理所當然的格局吧。不要說當打扮漂亮的外國訪客和穿著靴子的客人到家裡訪問，有時會對要脫鞋這件事感到猶豫了，如果有認真考慮要設置無障礙空間，玄關更是不應該出現高低差（框）。例如設置可以從玄關土間進入、類似「偏房」的個人房，或許也是不錯的辦法？

延續至2樓客房的土間

飯店式的接待室

這是一個不必麻煩重要訪客脫鞋的西式接待空間，也能搭乘電梯直達此處。

（廣島之家）

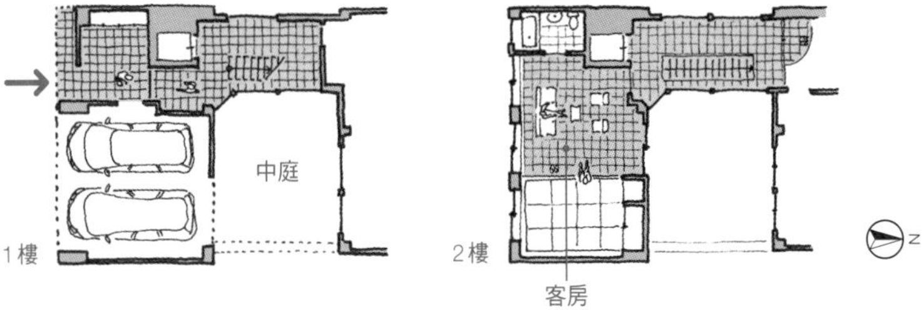

直接從土間進入的個人房

（鵠沼海岸之家）

家中獨立的個人空間

可以在家裡穿著鞋子，進入自己的房間。這樣的設計充滿獨特的新鮮感。

直接通往電梯的土間

完全的無障礙空間

也將會用到水的廁所、浴室設在土間空間內，設計手法十分獨特。

（蓮根之家）

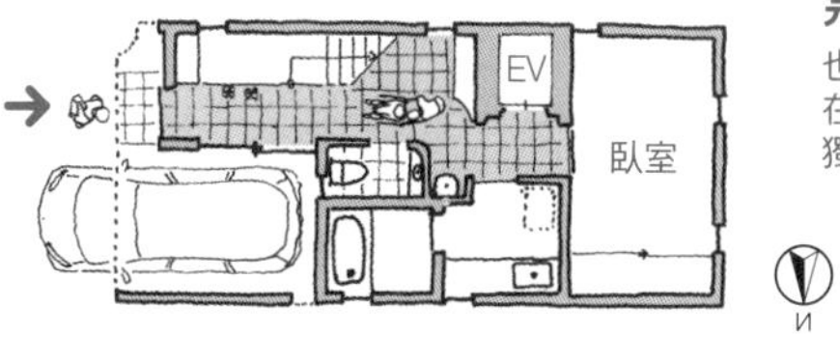

第2間廁所採3in1設計

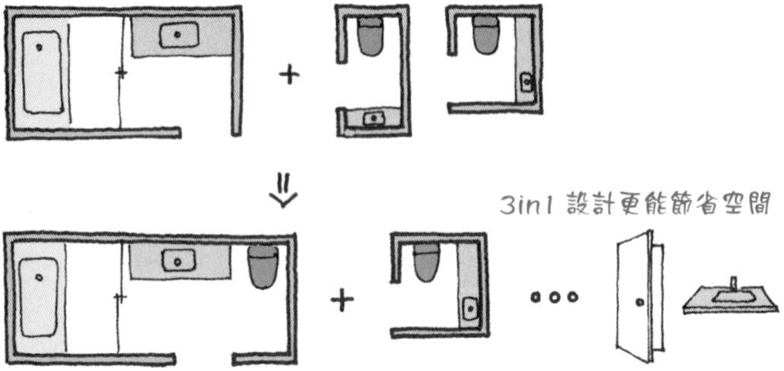
3in1 設計更能節省空間

方便協助排泄的寬敞度

寬敞明亮又安心，有助施行排泄教育

狹小的廁所一間就夠

現代的馬桶比起從前真是進步許多。不，正確來說，真正進化的是擁有洗淨、清潔、除臭這些功能的馬桶座才對。不僅如此，廁所也不再像過去那般髒臭，「一家有2間廁所」更是成了理所當然的事。既然如此，不如將第2間廁所設計成兼具浴室、盥洗功能的3in1，讓這裡成為寬敞明亮、方便孩子與老年人使用的排泄空間。

3in1設計

沒有浴室門的完全開放式

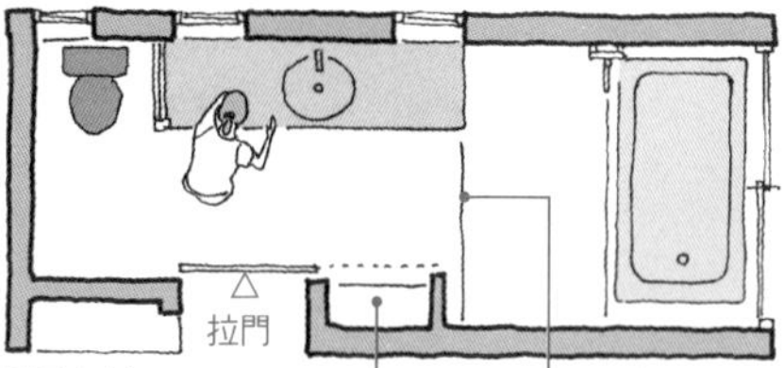
拉門
毛巾收納櫃
擋水條的高低差

（藤丘之家）

進入後先來到廁所的類型

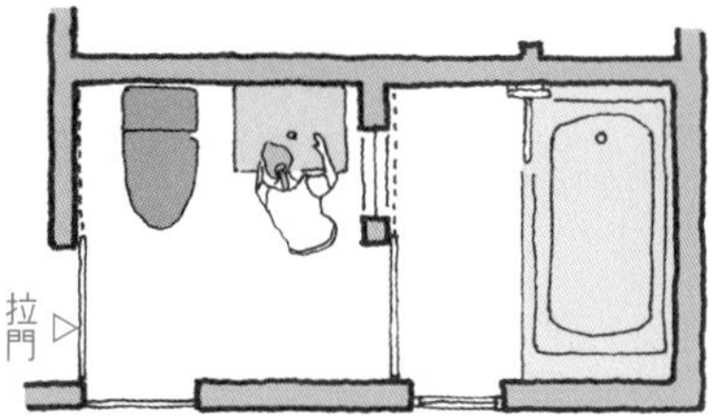
拉門

（木曾呂之家）

利用半透明玻璃隔板隱藏廁所的類型

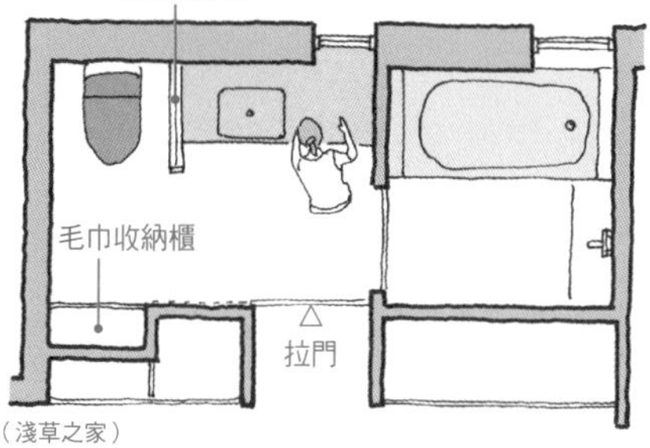
半透明玻璃
毛巾收納櫃
拉門

（淺草之家）

＋洗衣機的4in1設計

面積寬敞、面對中庭的開放式

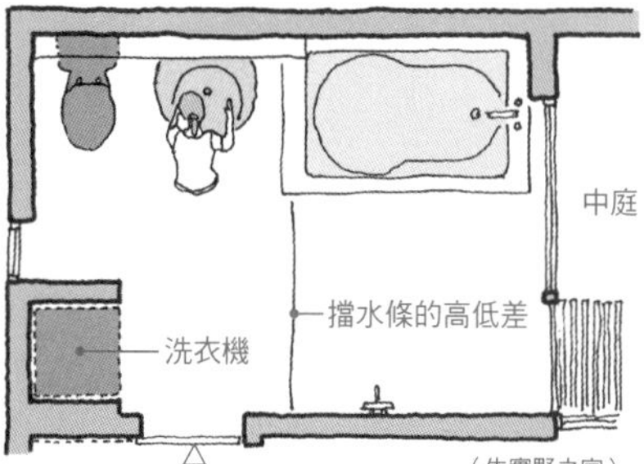
中庭
擋水條的高低差
洗衣機
拉門

（生實野之家）

進入後先看到洗衣機的類型

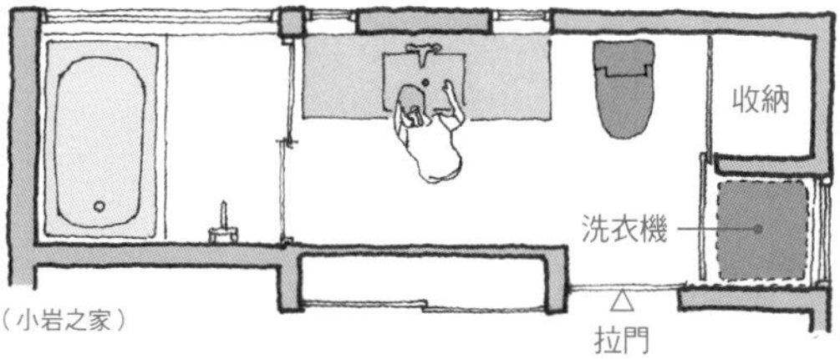
收納
洗衣機
拉門

（小岩之家）

廁所是一個完整的小宇宙

認為廁所最令人放鬆的人絕對不在少數。近來，無水箱馬桶逐漸普及，其優點除了體積小且省水之外，簡潔的外型以及與洗手盆分離的設計也值得一提。洗手盆的設置方式、造型如果得宜，不只是廁所而已，甚至能夠在此體現住宅整體的概念，也就是創造出一個完整的小宇宙。

無水箱馬桶與洗手盆

無水箱馬桶是為了增加狹小廁所的寬敞感而誕生的…

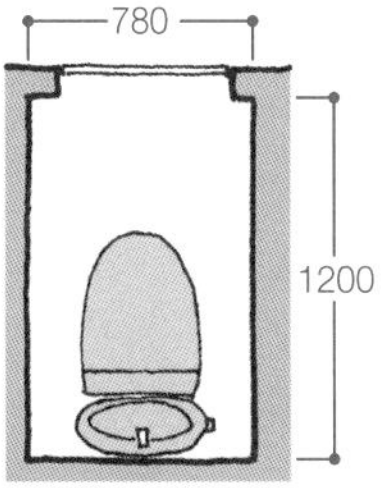

過去的馬桶

直接將最小尺寸當成一般標準尺寸。

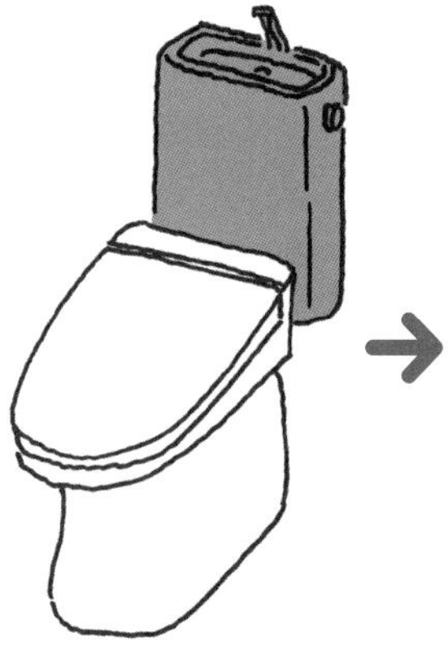

附洗手盆的馬桶

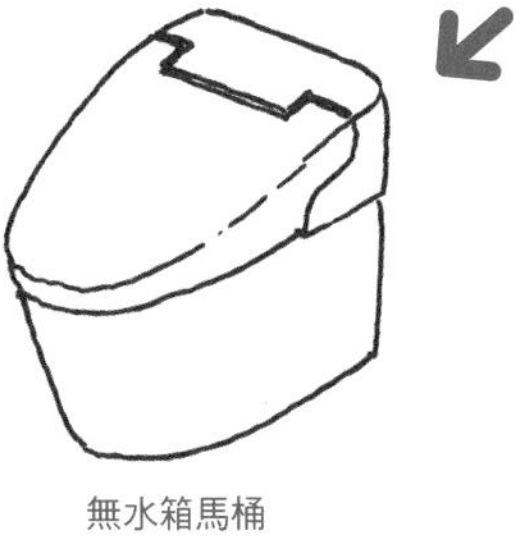

無水箱馬桶

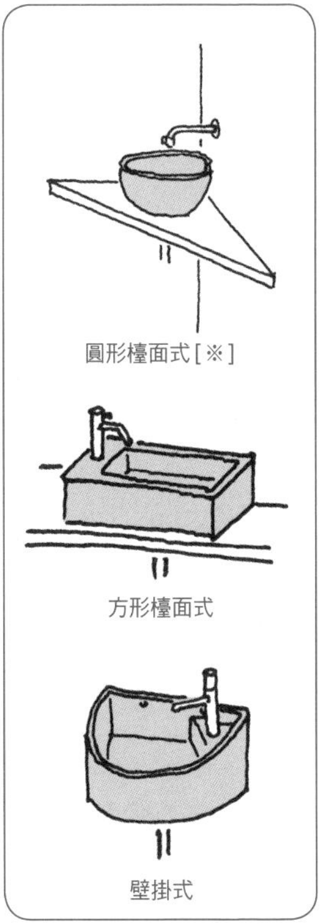

圓形檯面式［※］

方形檯面式

壁掛式

〔※〕不嵌入櫃台而是置於其上的款式

如何利用洗手盆帶來的寬敞空間？

（單位：mm）

除了寬敞度外，出入口的位置和收納空間也是一大設計重點。

前面內嵌型

適用於空間極度狹小時。

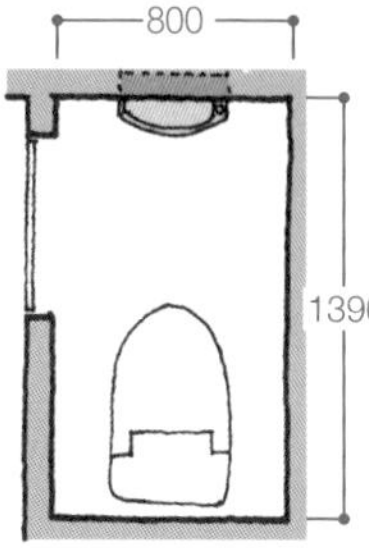

（池之端之家）

前面櫃台型

適用於寬度窄但有深度的情形。

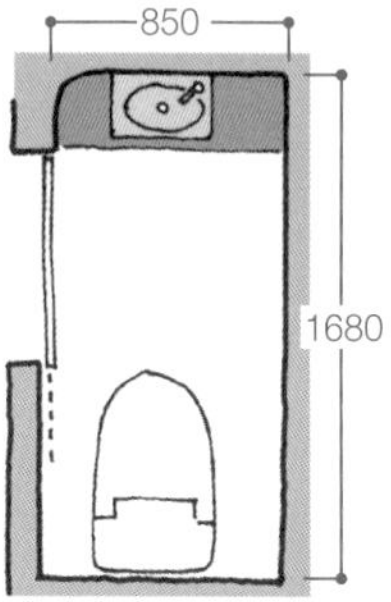

（蓮根之家）

前面壁掛型

適用於出入口狹窄，無法裝設櫃台的情形。

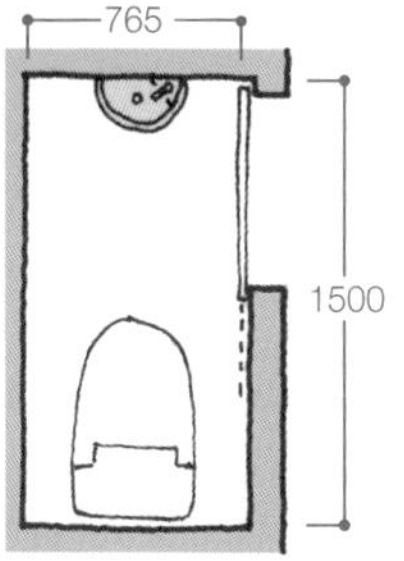

（大井松田之家）

側面櫃台型

若寬度足夠，也可以在櫃台下設置收納。

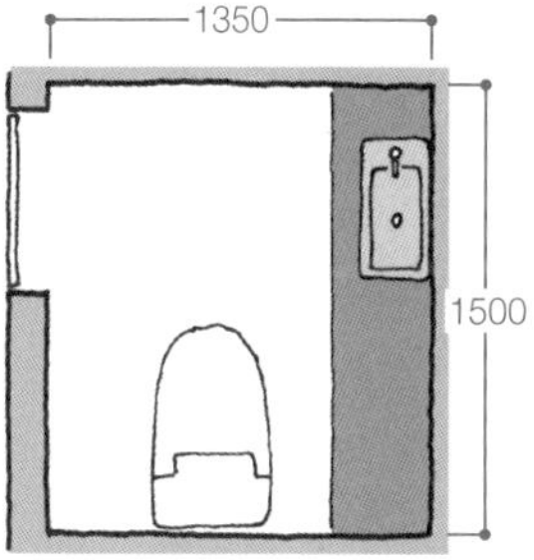

（鶴島之家）

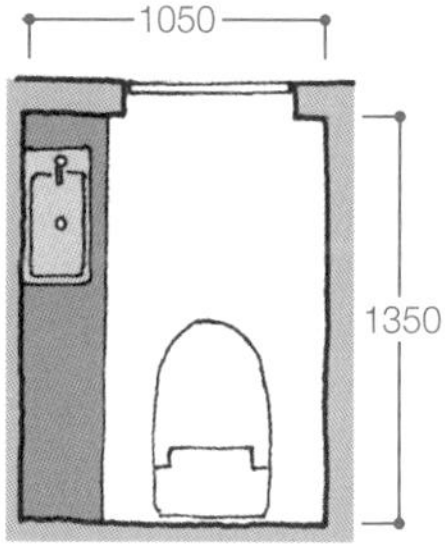

（佐久之家）

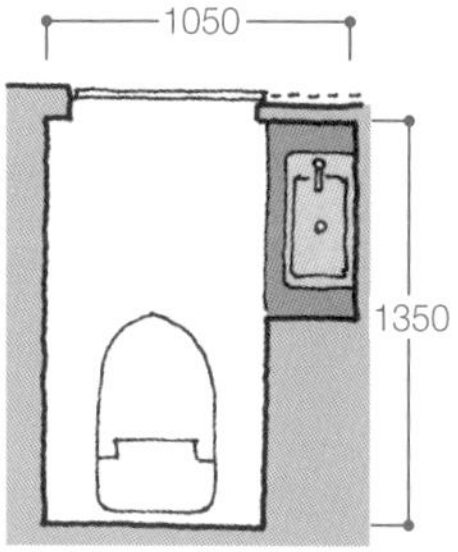

（國分寺之家）

角落型

雅致的陶製洗手盆和日式住宅十分契合。

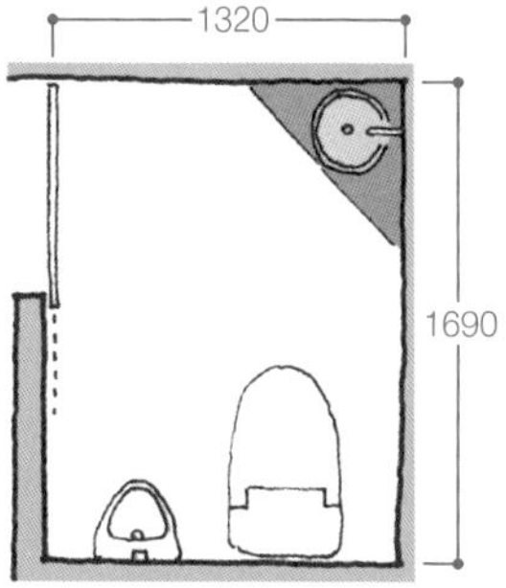

（下總中山之家）

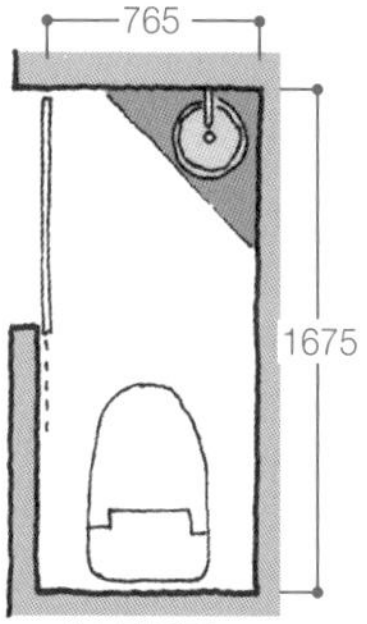

（上尾之家）

即便洗衣機進化了，偶爾還是會想晾在室外…

好重～！
樓上的曬衣場日照較充足……
洗衣機還是鄰近
曬衣場比較好……
好輕～♪
當然全部都近是最理想的……

洗好的溼衣物是很重的

被奉為戰後「三大神器」之一的洗衣機，一開始也是被置於屋外，後來才跨過門檻進入室內，如今則是在盥洗室裡展現英姿。

儘管現在的洗衣機已經進步到有乾燥功能，但偶爾還是會想將衣服晾在太陽底下曬乾。然而，洗好的衣物經過脫水後依然相當沉重，因此如何縮短運送溼衣物的動線，便成為決定洗衣機擺設位置的關鍵。

全部面向露台的2樓

浴室、更衣間、洗衣機、盥洗室全部
面向東側的2樓露台。

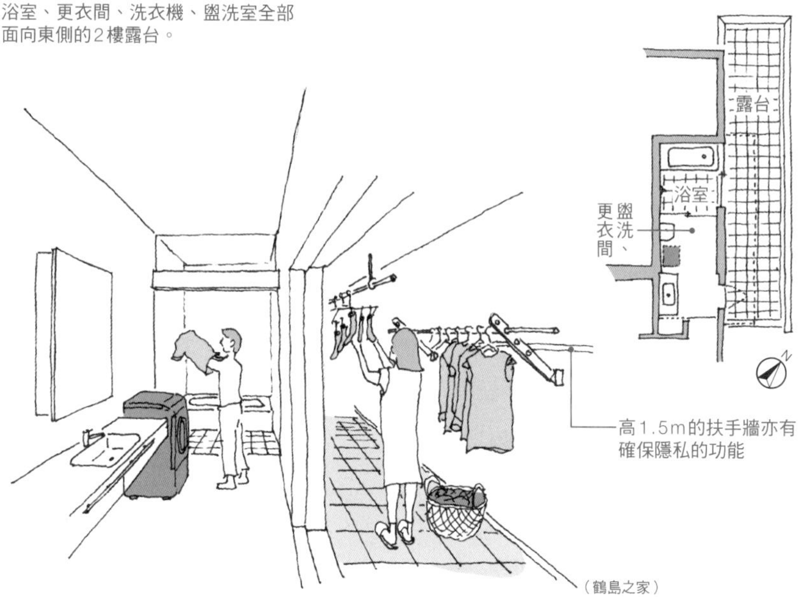
露台
浴室
盥洗、更衣間
高1.5m的扶手牆亦有確保隱私的功能

（鶴島之家）

家事室面向露台的2樓

洗衣機位在盥洗更衣間旁的寬敞家事室內，
可將衣物晾在室內或露台上。

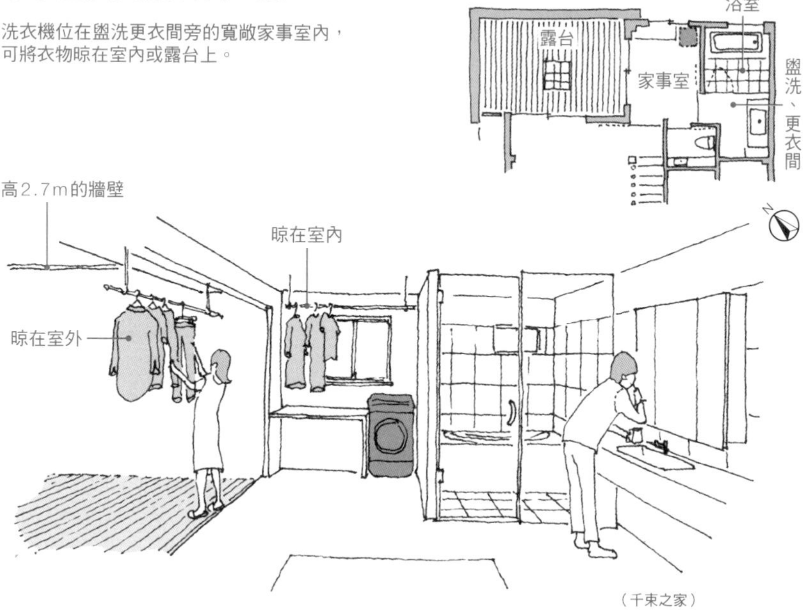
浴室
露台
家事室
盥洗、更衣間
高2.7m的牆壁
晾在室內
晾在室外

（千束之家）

整體浴室確實有許多優點……

保溫性佳
室外空氣
空氣層
地板不會冷冰冰
安全性高
即使摔倒了也不會有大礙
方便清掃
少有接縫

軸組工法讓浴室充滿樂趣

整體浴室雖然有許多優點，但如果想追求更多的「樂趣」，那麼就以名為軸組工法的傳統方式來建造浴室吧。夏天時可作為孩子的玩水區，秋天時可以在皎潔的滿月下小酌一番，冬天時可以在水中放入柚子享受半身浴，到了春天則能一享在水面上撒落櫻花花瓣的情趣……種種樂趣不勝枚舉。

浴室不再是只是沐浴場所，更蘊含了無限樂趣與可能性。

但是軸組工法比較有趣

陽光
通風
緣廊
就算玩水也
不會挨罵！
庭院

將浴室打造成戶外空間時

在入口安裝鋁門，並從更衣間這一側上鎖；出門時要將浴室的窗戶打開。

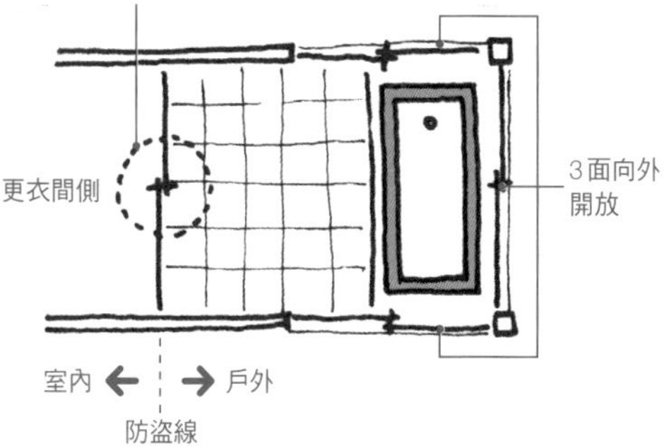
更衣間側
3面向外
開放
室內
戶外
防盜線

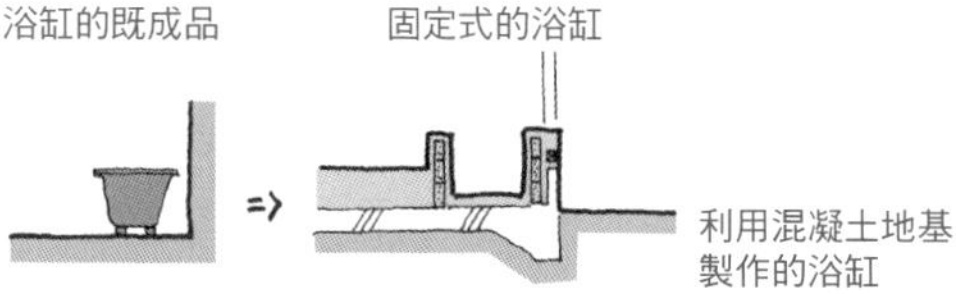
浴缸的既成品
固定式的浴缸
利用混凝土地基
製作的浴缸

浴室的位置

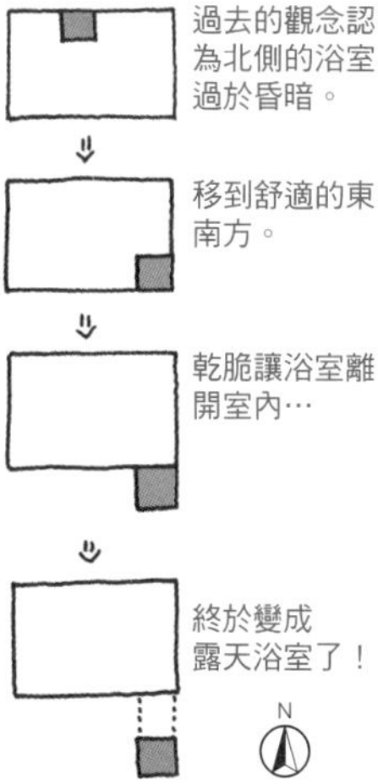
過去的觀念認
為北側的浴室
過於昏暗。
移到舒適的東
南方。
乾脆讓浴室離
開室內…
終於變成
露天浴室了！
N

露天浴池值得學習的是…

繚繞的蒸氣、美景、寬闊的開放感，以及與自然融為一體的感受。

以創造開放感為目標

在一般人的印象中，浴室是一個只要位於北側或西側就會十分潮溼的空間。

溼氣瀰漫的浴室確實有危害全家健康之虞，但話雖如此，想要像以前一樣在庭院裡蓋一間小浴室、享受露天浴池的氣氛，也不是說做就做得到的。既然這樣，那就盡量讓浴室朝戶外開放，以打造一個不只有入浴、淨身功能的宜人空間為目標吧。

3面朝庭院開放的浴室

由於通風良好，因此牆上鋪的羅漢柏板材
幾乎不需要保養。
面積：1.5坪

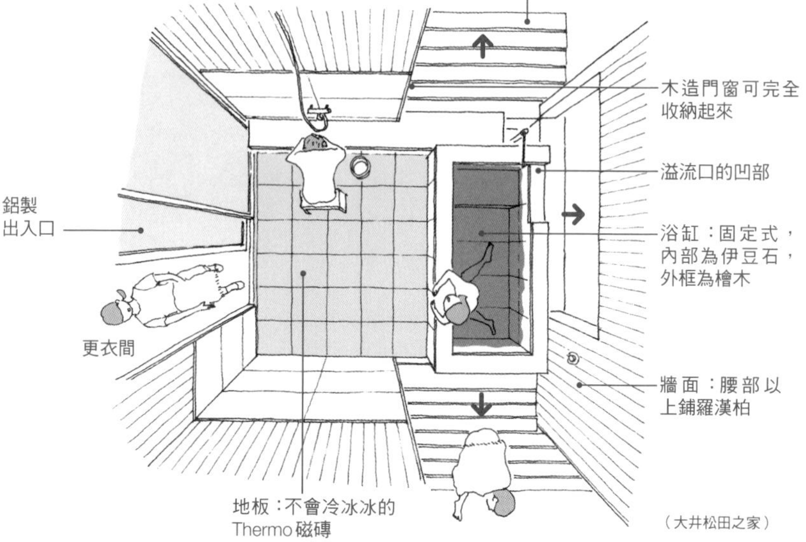
緣廊
木造門窗可完全
收納起來
溢流口的凹部
浴缸：固定式，
內部為伊豆石，
外框為檜木
鋁製
出入口
更衣間
牆面：腰部以
上鋪羅漢柏
地板：不會冷冰冰的
Thermo磁磚

（大井松田之家）

2面朝庭院開放的浴室

羅漢柏浴缸非固定式，
將來可拆掉更換。
面積：1.5坪

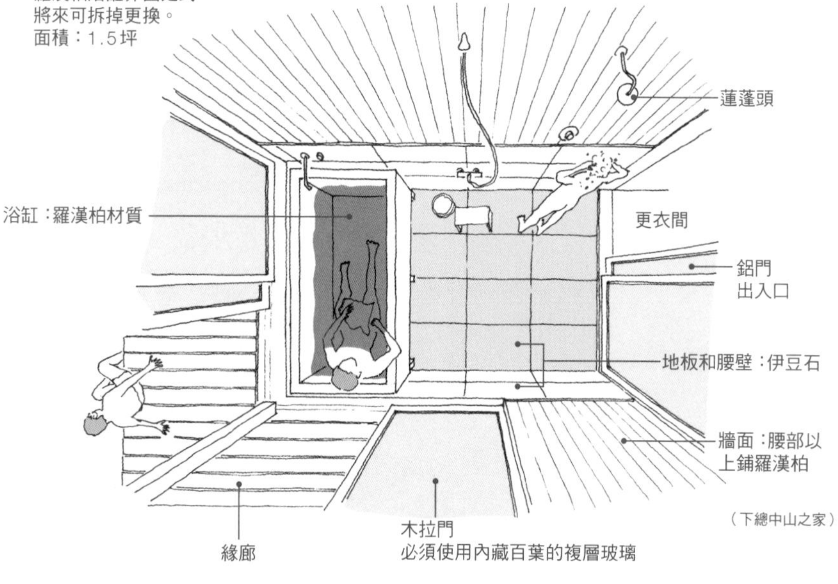
蓮蓬頭
浴缸：羅漢柏材質
更衣間
鋁門
出入口
地板和腰壁：伊豆石
牆面：腰部以
上鋪羅漢柏
緣廊
木拉門
必須使用內藏百葉的複層玻璃

（下總中山之家）

2面朝庭院和緣廊開放的浴室

梯形的平面給人向外擴展的感覺，另外浴缸的形狀也十分有趣。
面積：1.5坪

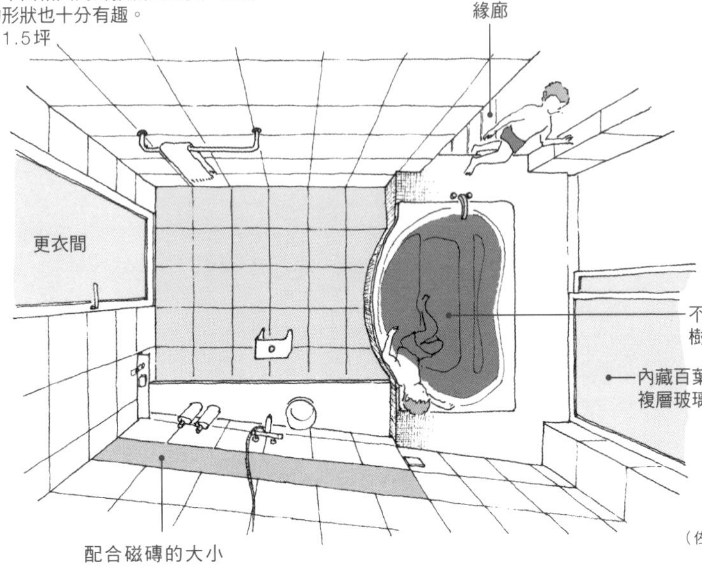
緣廊
更衣間
不規則型
樹脂浴缸
內藏百葉的
複層玻璃
配合磁磚的大小
嵌入鏡子

（佐久之家）

朝寬敞露台開放的2樓浴室

充分發揮了混凝土材質的優點。
面積：1.1坪

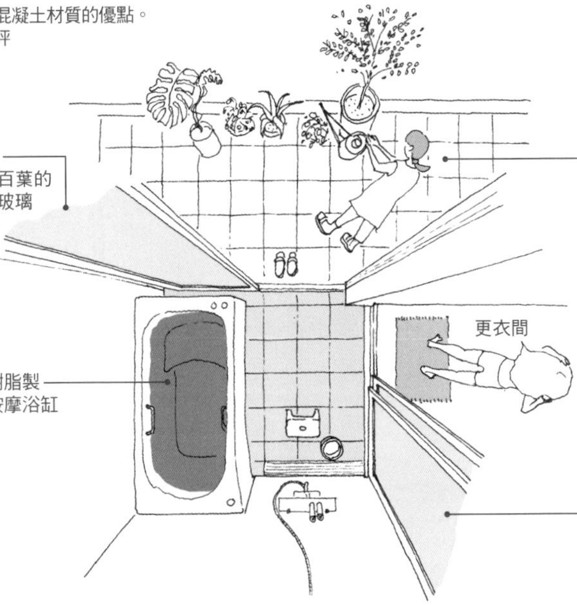
鋁門
內藏百葉的
複層玻璃
露台
更衣間
樹脂製
按摩浴缸
出入口：
鋁門

（鶴島之家）

第 2 章

從住宅整體來思考

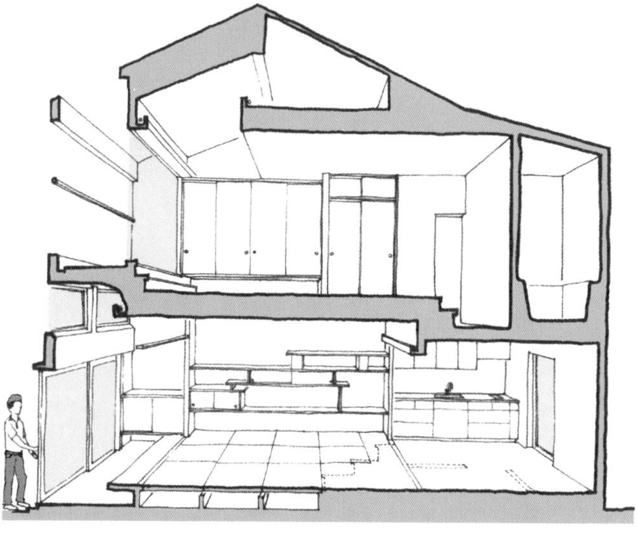

面朝南方的土地……

在主要以狩獵維生的時代，人們是在日照良好的小高丘上形成聚落，後來開始從事農耕之後，才轉而居住在水利資源豐富的溪谷間。從前人們的生活型態可以說是決定居住土地的最大因素。

傳統農家

可以在寬廣的土地上，自由地配置、建造建築物。庭院是進行農作的地方，一般都會設置在陽光充足、適合曬乾作物的南側。

「理想住宅」的形象

生活型態與住宅日漸「西化」，但依然嚮往傳統農家充沛的陽光。

善用土地與方位的落差

興建住宅要從尋找土地開始。「住家隔著寬敞的庭院與停車場，和位於南側的道路相對」，任誰一開始都會夢想擁有這樣的一塊土地，然而條件這麼好的土地實際上並不多，甚至可以說幾乎所有土地的方位都與理想有落差。與落差和諧共處、妥協讓步，是建築配置的重點也是一門技巧。

從形形色色的土地中產生的各種配置

幾乎所有土地的方位都與理想有落差，因此能否同時考量室內外的條件，設置朝南或東南方的「舒適空間」便成了一大重點。

南側是道路

分售住宅區中常見的典型土地類型。

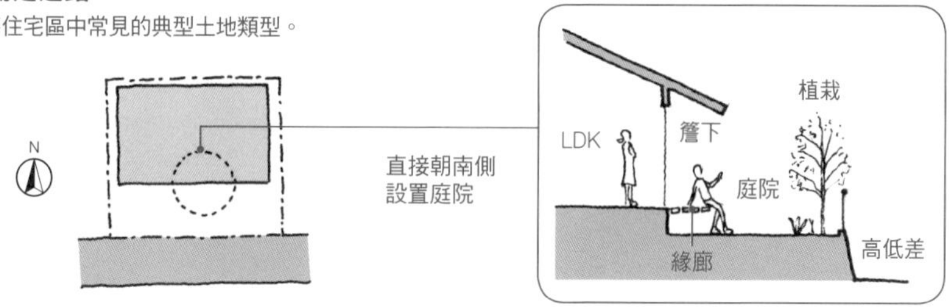
N
直接朝南側
設置庭院
植栽
LDK
簷下
庭院
高低差
緣廊

（聖蹟櫻丘之家）

西南側是道路

在舒適的東南方設置浴室。

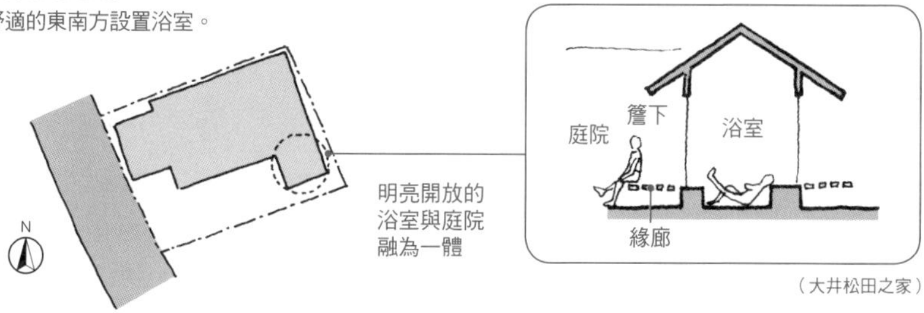
N
明亮開放的
浴室與庭院
融為一體
簷下
庭院
浴室
緣廊

（大井松田之家）

東北側與東南側的交叉道路

封閉南側，利用天窗將光線引入LDK。

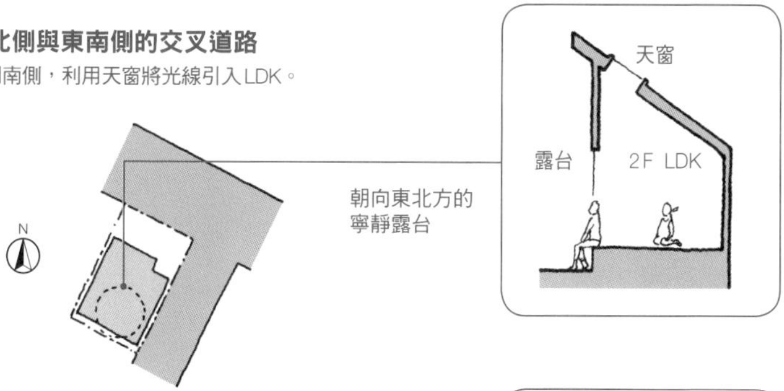
N
朝向東北方的
寧靜露台
天窗
露台
2F LDK

（小岩之家）

東側是道路

沿著LDK於南側設置陽台。

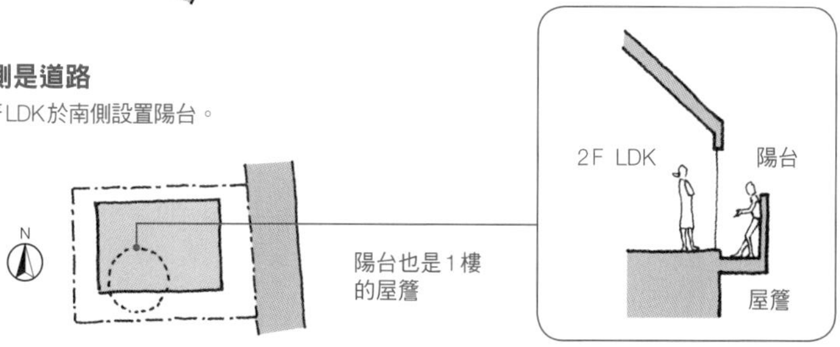
N
陽台也是1樓
的屋簷
2F LDK
陽台
屋簷

（夙川之家）

西北側與東南側的 2 面道路

在寬敞的土地上設置面朝東南方的庭院。

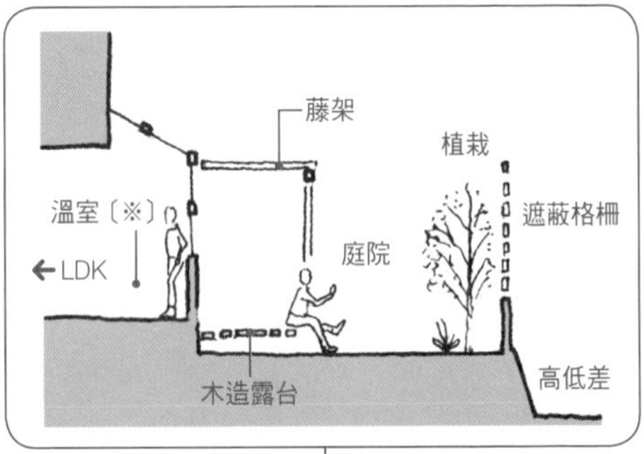

（鶴島之家）

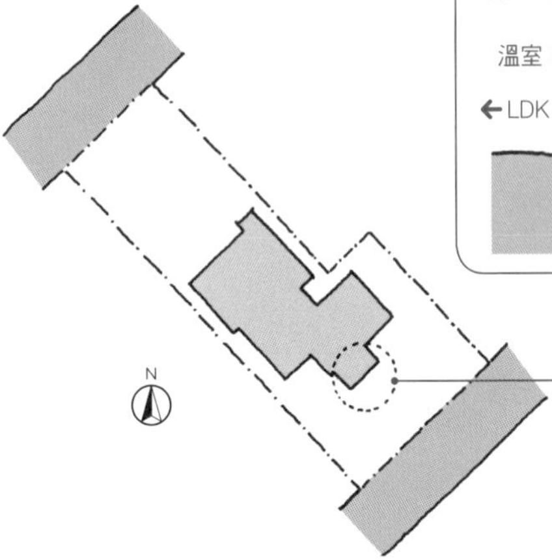
透過好幾個要素
與庭院相連

東北側與東南側道路之間的角地

克服嚴格的道路斜線限制所設置的陽台。

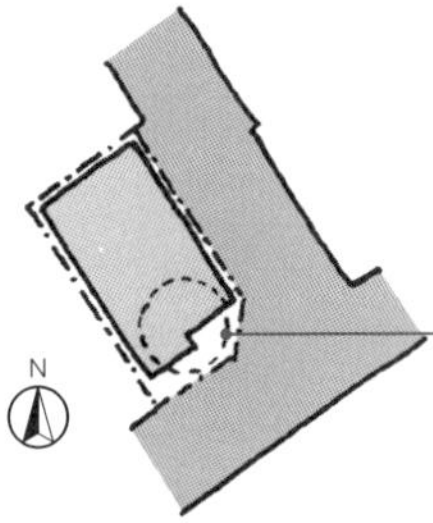
狹小土地特有
的巧思

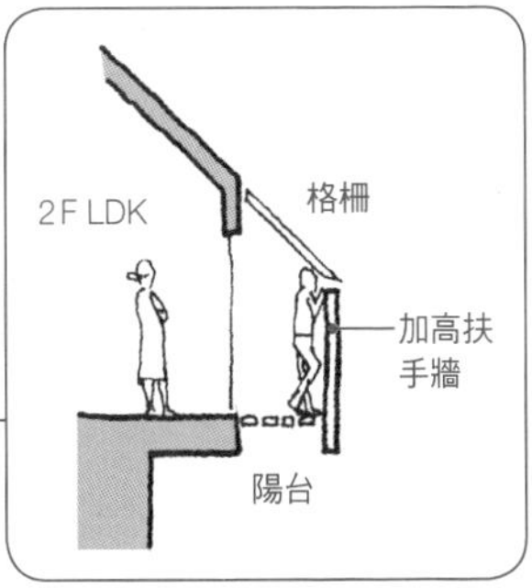

（池之端之家）

西北側與東北側道路之間的角地

在東南方規劃一塊內凹的空間作為中庭。

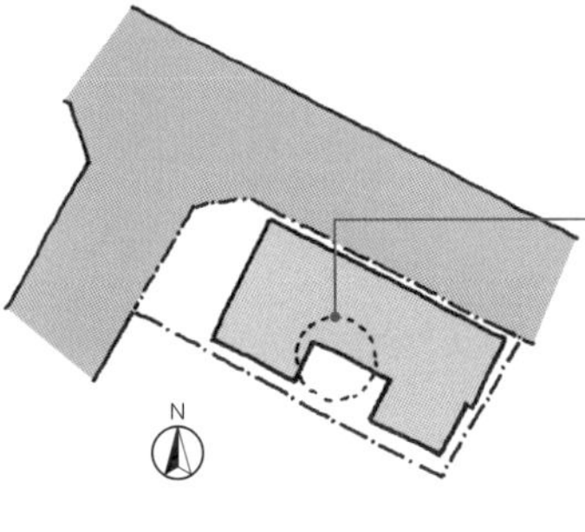
以有採光和通風
效果的遮蔽格柵
確保隱私

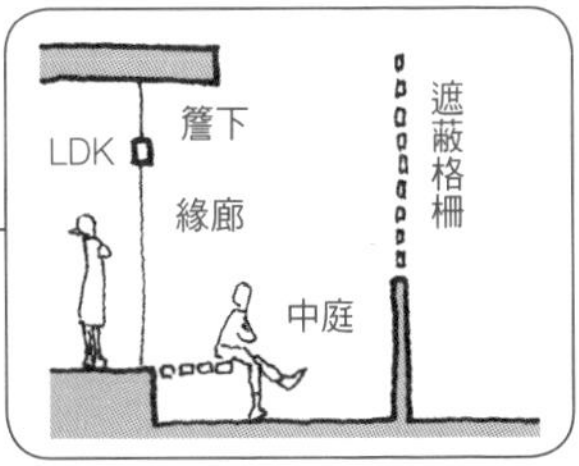

（生實野之家）

〔※〕溫室 conservatory 是一種以玻璃圍成的花房，與日光室不同的地方在於較偏重園藝。

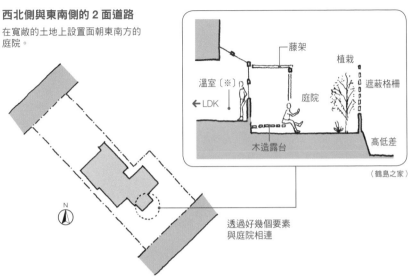

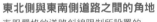

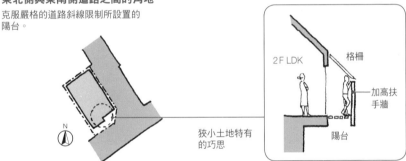

地上2樓帶來了光線與安心感

一般認為，日本住宅的起源混合了挖掘地面的豎穴式家屋與南方的高腳屋的特色。為了在缺乏日照的森林中，保護自己不受溼氣、動物、外敵的侵害，住宅於是自然演變成向上尋求陽光的形式。

2樓LDK跟太陽公公乾杯

要 在都市的住宅密集區內，讓1樓保有舒適的採光及良好的通風相當不易。假使3層樓住宅無法將LDK配置在1樓又同時保有採光和動線，只要將LDK設在2樓，即可解決通風、採光、隱密性等問題；2層樓住宅若將LDK配置在2樓，天花板（屋頂）的高度和形狀便能自由發揮，也能將光線、天空的開闊感充分地帶入室內。

需要將LDK設在2樓的土地

重點在於採光方式、通風方式。

準工業地區的土地

雖然建蔽率60％且週遭環境不會太擁擠，但由於面對道路的正面寬度狹窄，土地面積也很小，因此必然要蓋成3層樓。
土地面積：77㎡

N

（蓮根之家）

商業地區的土地

位於建蔽率可達100％的住宅密集區，面對道路的正面寬度狹窄，必須蓋成3層樓才能獲得良好的環境。
土地面積：99㎡

N

（淺草之家）

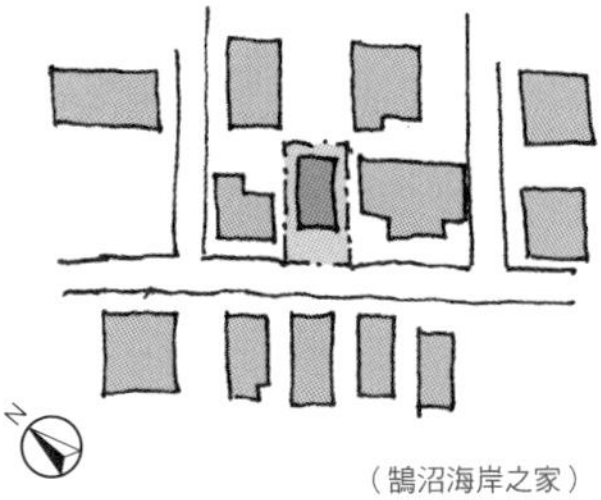
N

（鵠沼海岸之家）

第一種低層住居專用地區的土地

位於建蔽率50％的良好住宅環境內，但土地狹長且面對道路的正面寬度過窄。
土地面積：115㎡

2層樓住宅／2樓LDK

天花板的形狀自由，能夠引入光線與天空的開闊感。

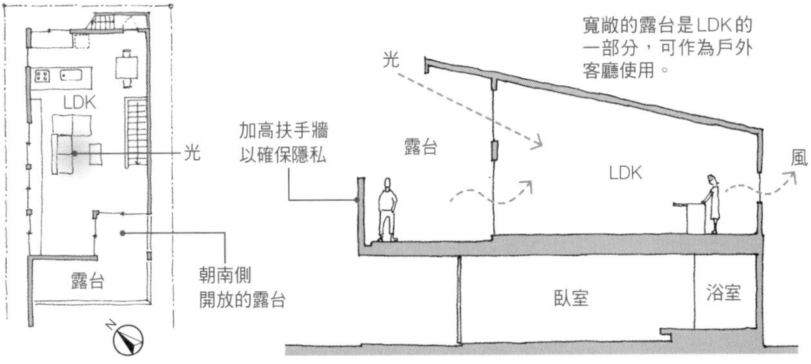
LDK
光
露台
朝南側
開放的露台
N
加高扶手牆
以確保隱私
光
寬敞的露台是LDK的一部分，可作為戶外客廳使用。
露台
LDK
風
臥室
浴室

（鵠沼海岸之家）

3層樓住宅／2樓LDK

將LDK配置在2樓正中央。

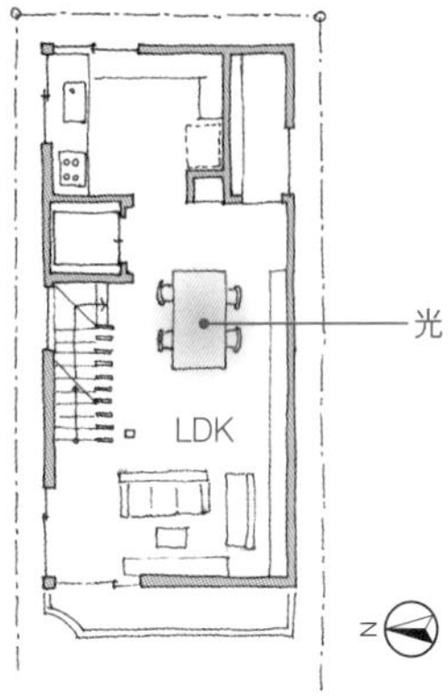
光
LDK
N

讓來自3樓的光線越過挑高，反射在北側的曲面牆上，柔和地照亮2樓LDK。

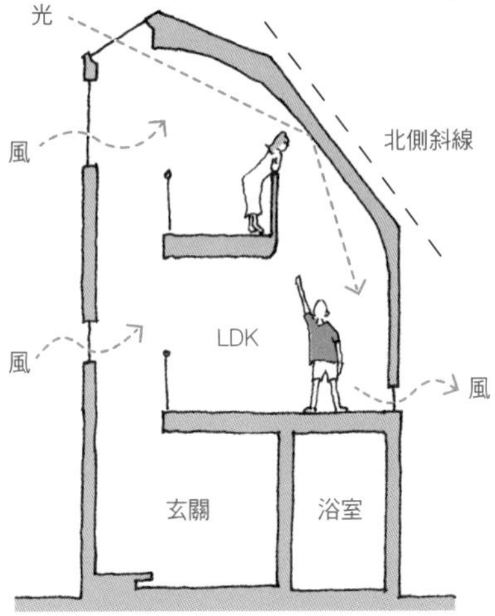
光
風
北側斜線
風
LDK
風
玄關
浴室

（蓮根之家）

3層樓住宅／2樓LDK

格局細長，將光線從3樓引入LDK中央。

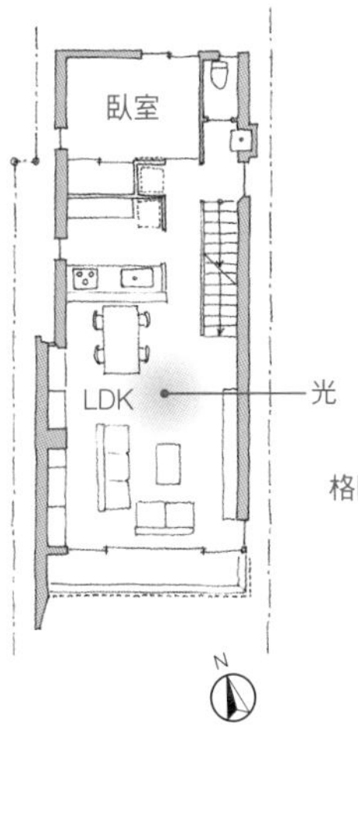
臥室
LDK
光
N

讓來自3樓露台的光線越過挑高進入室內。露台下方的天花板有特別加高。

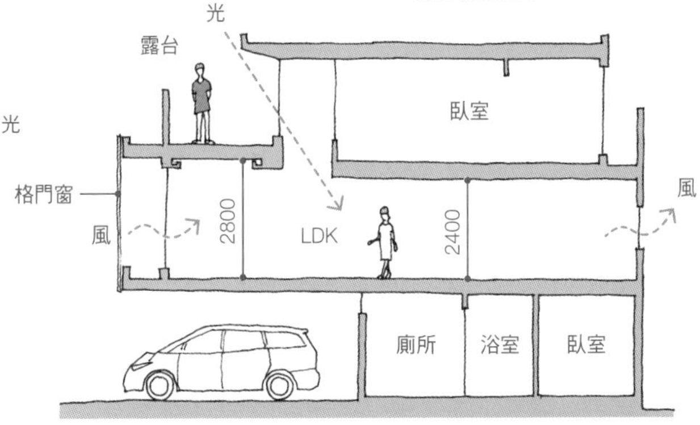
光
露台
臥室
格門窗
風
2800
LDK
2400
風
廁所
浴室
臥室

（淺草之家）

1樓LDK居住在地面上是奢侈的

自古日本人的住宅便以平房為主，無論是工作、飲食或就寢，都在與地面相接的1樓完成，而那樣的生活習慣即便到了現在依然深植人心。倘若住家土地內有充足的戶外空間，並可確保採光、通風和隱私，就能將生活中心的LDK設置在1樓。另一方面，考慮到今後社會將走向高齡化，在1樓設置LDK可以說是最為理想的格局。

比起美輪美奐的庭院，LDK旁的家庭菜園更令人備感幸福

想讓孩子在安全的庭院裡嬉戲，也想讓不方便出門的老年人能夠在院子裡消磨一整天。
與庭院或菜園融為一體的LDK或許是透天住宅最迷人的地方了。

可於1樓設置LDK的土地

要在市中心找到100坪（330㎡）以上的土地相當困難，若是在郊外就能將面積廣大這項優點發揮至極致。

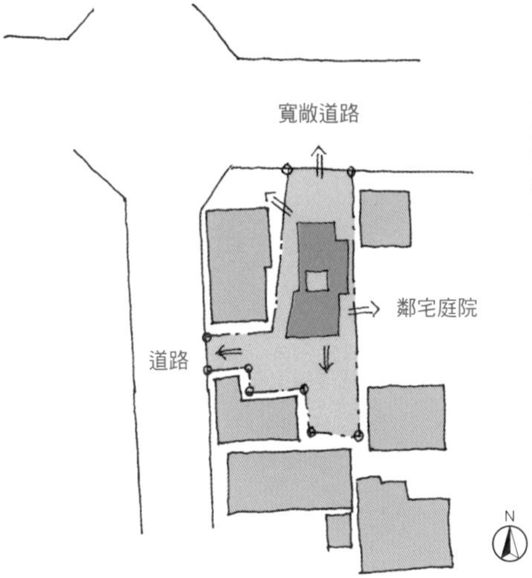
寬敞道路
鄰宅庭院
道路
N

（佐久之家）

具穿透性的廣大土地

北側和西側與道路相對，可藉由不方正的土地形狀，在視覺上製造出豐富的穿透性。
土地面積：590 ㎡

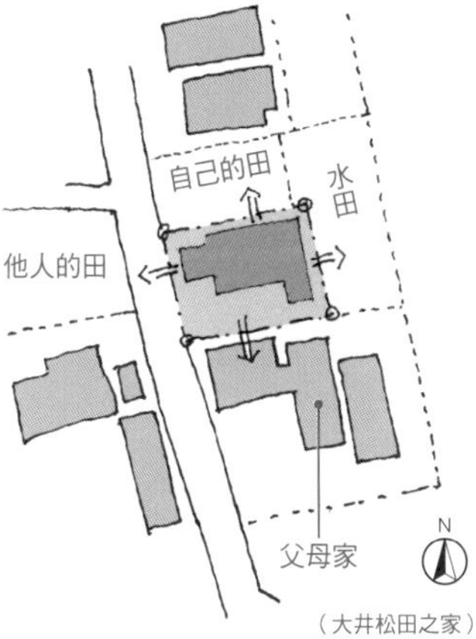
自己的田
水田
他人的田
父母家
N

（大井松田之家）

四周都是農田

南側是父母家，北側則是自己的農田，地理環境具備了確保隱私的有利條件。
土地面積：330 ㎡

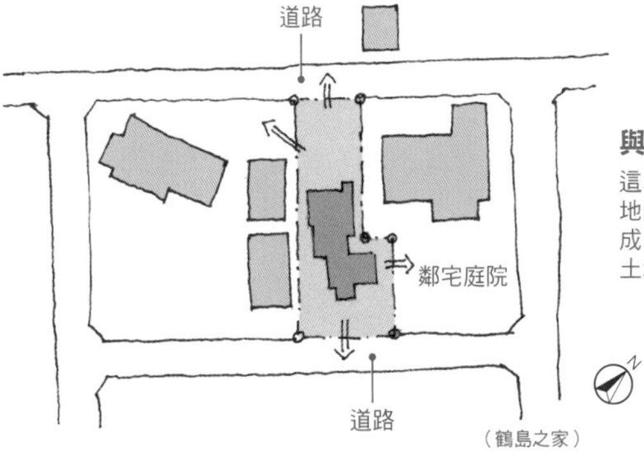
道路
鄰宅庭院
道路
N

（鶴島之家）

與鄰宅保有一定距離的土地

這塊地有2面與道路相對，狹長的地形被有效利用，連鄰宅的庭院也成了為自家增色的借景。
土地面積：540 ㎡

讓孩子在2座庭院中快樂成長／1樓LDK

即使孩子在外面玩耍，也能從LDK看見他們的一舉一動。

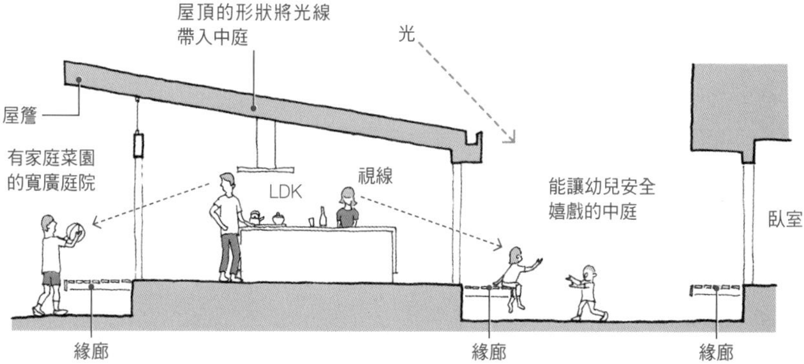
屋頂的形狀將光線
帶入中庭
光
屋簷
有家庭菜園
的寬廣庭院
視線
LDK
能讓幼兒安全
嬉戲的中庭
臥室
緣廊
緣廊
緣廊

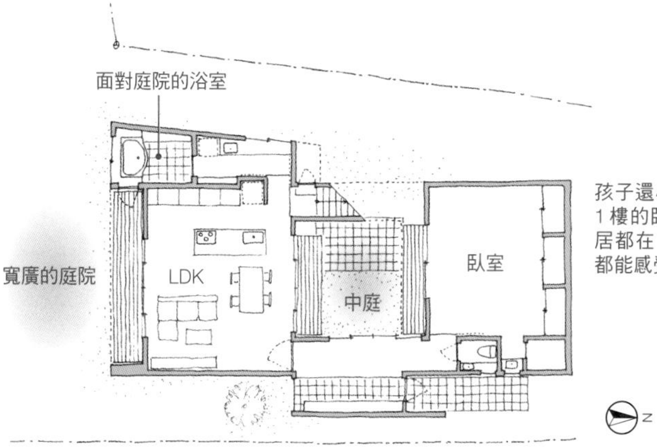
面對庭院的浴室
寬廣的庭院
LDK
中庭
臥室
N

孩子還小時是全家一起睡在1樓的臥室裡，平日生活起居都在1樓，無論身在何處都能感受到家人的氣息。

（佐久之家）

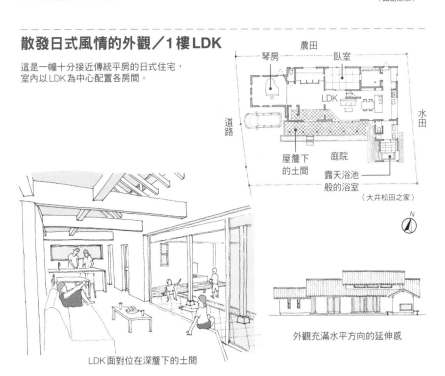

以園藝嗜好為中心的生活／1樓LDK

LDK與各種類型的庭院自然相連。

溫室
居中連結起起居室與庭院

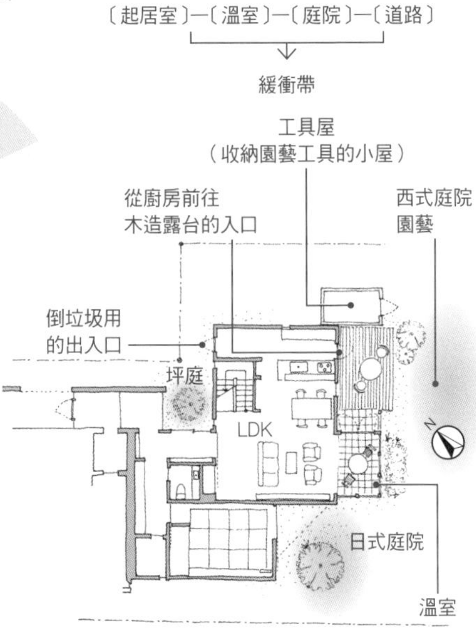
〔起居室〕—〔溫室〕—〔庭院〕—〔道路〕
緩衝帶
工具屋
（收納園藝工具的小屋）
從廚房前往
木造露台的入口
西式庭院
園藝
倒垃圾用
的出入口
坪庭
LDK
日式庭院
溫室

（鶴島之家）

散發日式風情的外觀／1樓LDK

這是一幢十分接近傳統平房的日式住宅，
室內以LDK為中心配置各房間。

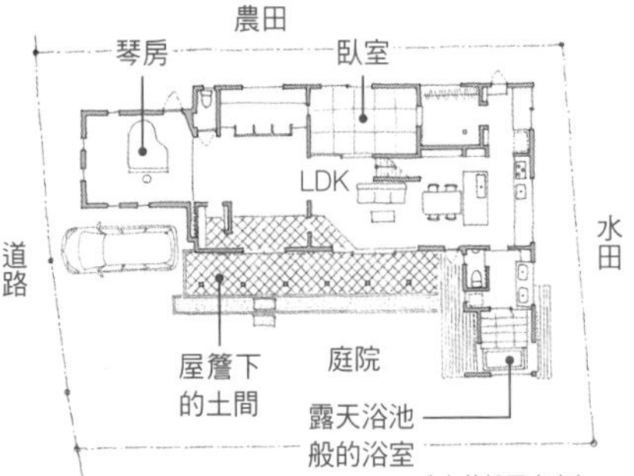
農田
琴房
臥室
LDK
道路
水田
屋簷下
的土間
庭院
露天浴池
般的浴室

（大井松田之家）

LDK面對位在深簷下的土間

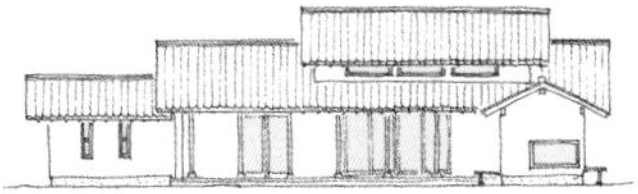

外觀充滿水平方向的延伸感

兩個對比世界教人難以取捨

利用玄關分隔2座庭院

住在鄉下就會對都市懷抱憧憬，住在都市裡又會受到鄉村的清幽環境與土地氣息所吸引……每個人都希望住宅能夠滿足自己如此多變的情感與生活。假使你想對行人和訪客炫耀一下自己的家，但又希望能夠過過放鬆的生活，不想時時刻刻都故作體面，那麼只要有一塊中型規模（50坪左右）的土地，就能讓玄關土間向外延伸，將戶外空間分隔成兩個對比的世界。

利用向外延伸的玄關連結對比空間

不是截斷兩個對比空間，而是將其自然地連結在一起。
土地面積：164 ㎡

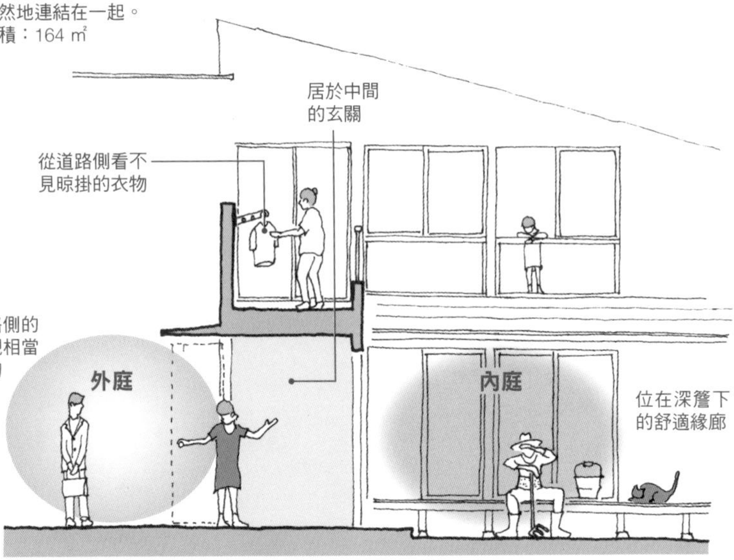
居於中間的玄關
從道路側看不見晾掛的衣物
道路側的外觀相當簡約
外庭
內庭
位在深簷下的舒適緣廊

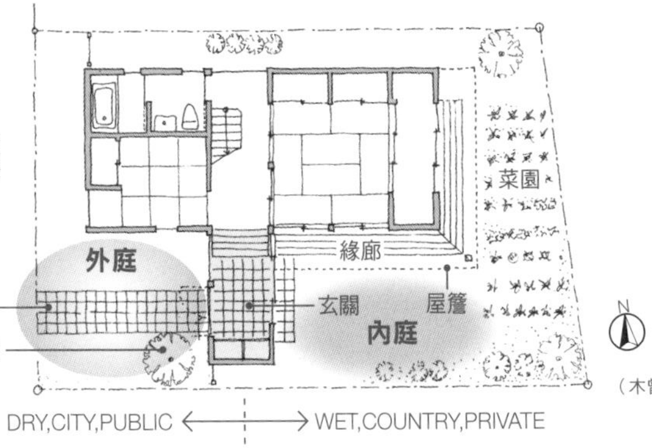
道路
風格樸實的磁磚
外庭
主樹
菜園
緣廊
玄關
屋簷
內庭
N
DRY,CITY,PUBLIC
WET,COUNTRY,PRIVATE

（木曽呂之家）

玄關雖然小，依舊發揮了分隔內庭、外庭的效果。

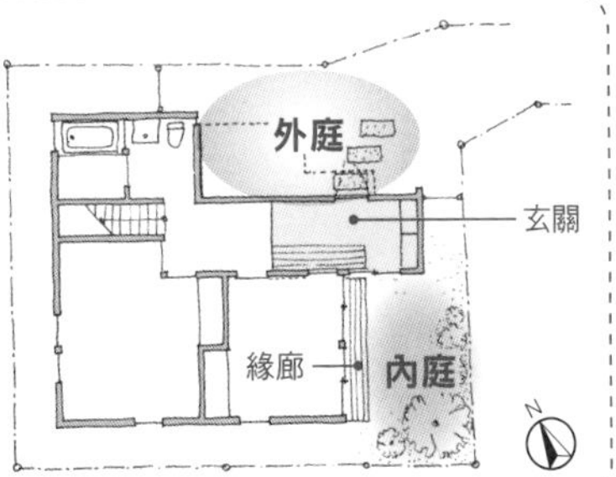
外庭
玄關
緣廊
內庭
N

（本八幡之家）

舒適+划算的地下室

假使在土地面積狹小、總樓地板面積又已達限度的情況下，仍希望再多規劃1間房，或是預算不足、在嚴格的斜線限制下無法蓋3層樓住宅，選擇將建築物「埋入地底」是個不錯的方法。只要確實做好防水措施，並確保良好的採光、通風，就能打造出冬暖夏涼、氣溫穩定的溫暖房間。

在地底補足不足面積的小技巧

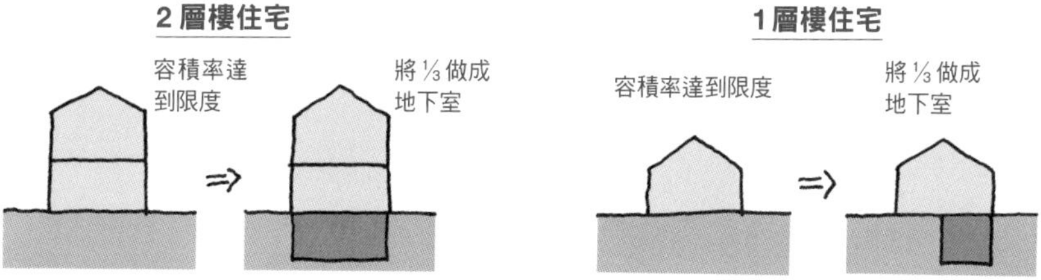
2層樓住宅
容積率達到限度
將⅓做成地下室
1層樓住宅
容積率達到限度
將⅓做成地下室

讓地下室也充滿光和風

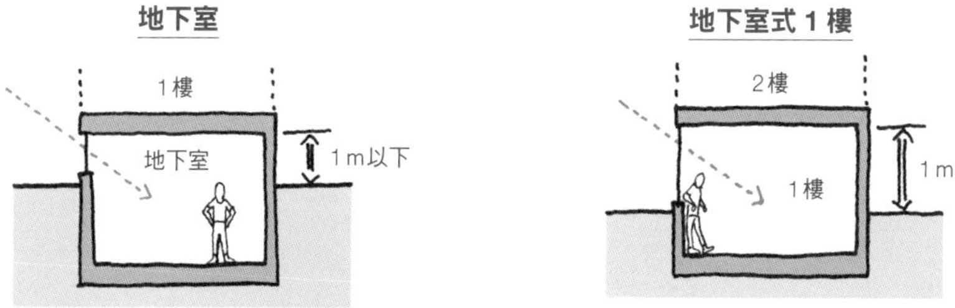
地下室
1樓
地下室
1m以下
地下室式1樓
2樓
1樓
1m以上

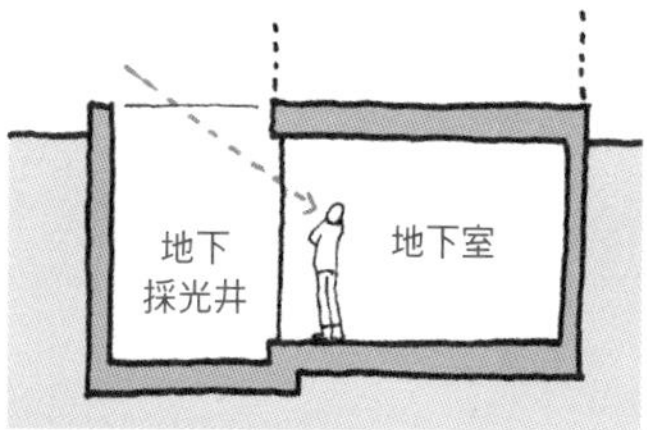
地下採光井
地下室

若高度限制嚴格，必須將地下室完全埋入地底，可設置地下採光井以彌補不足。

〔MEMO〕地下室的基本知識　●最多可達總樓地板面積的⅓　●只要天花板面距建築基地不到1m，便會被視為地下室，不需要完全埋入地底。

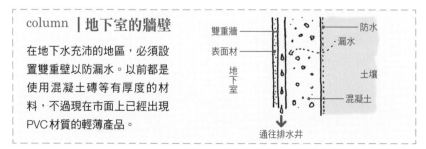

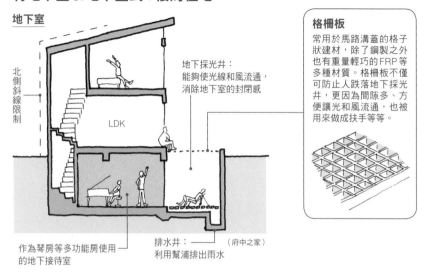

有地下室＆地下室式1樓的住宅

地下室

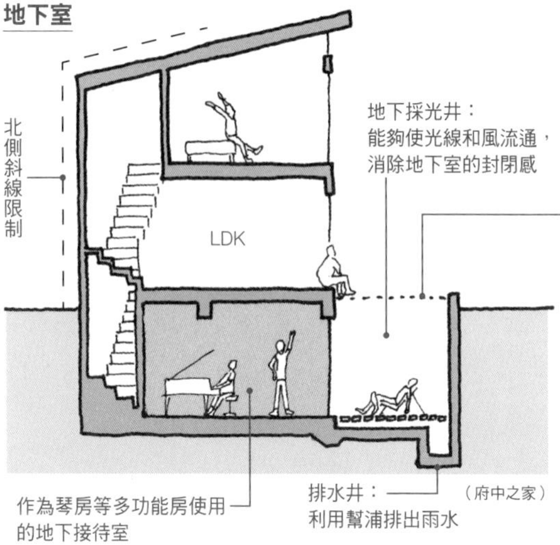
北側斜線限制
LDK
地下採光井：
能夠使光線和風流通，
消除地下室的封閉感
作為琴房等多功能房使用的地下接待室
排水井：
利用幫浦排出雨水
（府中之家）

格柵板

常用於馬路溝蓋的格子狀建材，除了鋼製之外也有重量輕巧的FRP等多種材質。格柵板不僅可防止人跌落地下採光井，更因為間隙多、方便讓光和風流通，也被用來做成扶手等等。

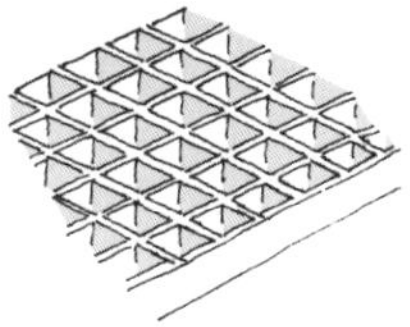

地下室式1樓

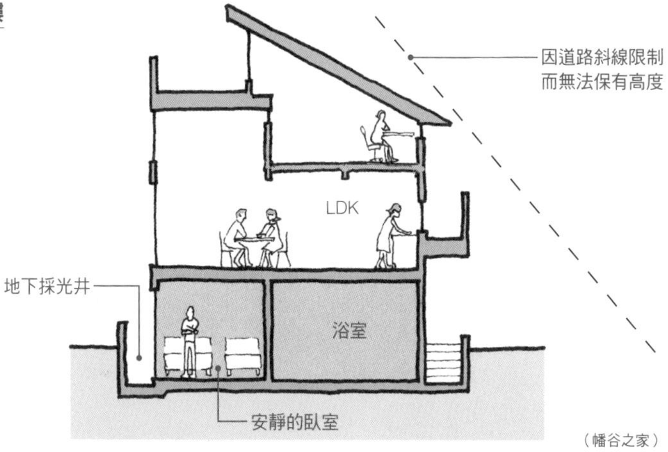
因道路斜線限制
而無法保有高度
LDK
地下採光井
浴室
安靜的臥室
（幡谷之家）

column｜地下室的牆壁

在地下水充沛的地區，必須設置雙重壁以防漏水。以前都是使用混凝土磚等有厚度的材料，不過現在市面上已經出現PVC材質的輕薄產品。

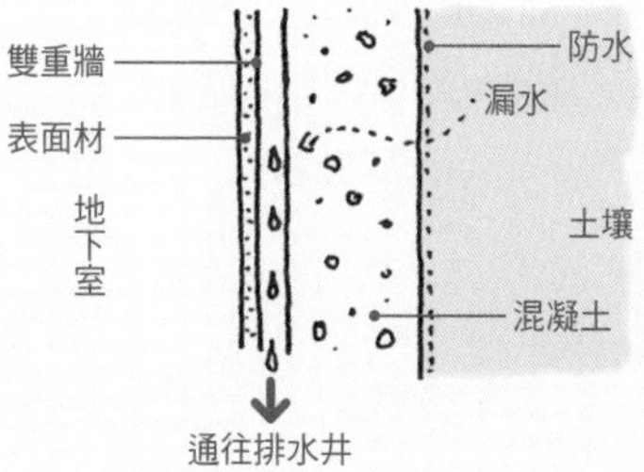
雙重牆
表面材
地下室
防水
漏水
土壤
混凝土
通往排水井

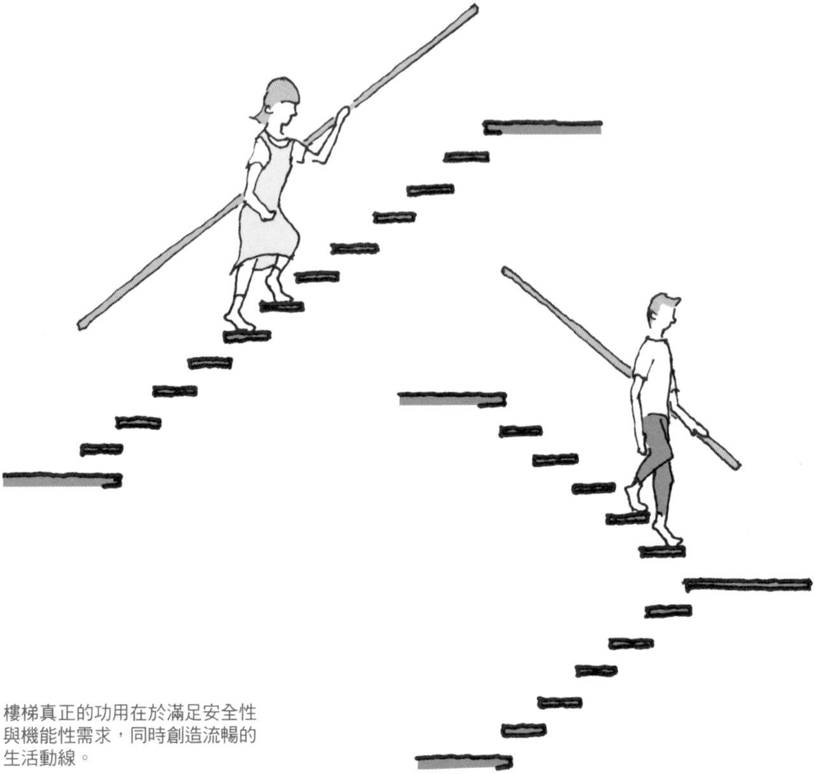

樓梯真正的功用在於滿足安全性與機能性需求，同時創造流暢的生活動線。

樓梯有左右格局的力量

挑高的客廳內有時髦的螺旋梯……這雖然是一般人心目中「理想住家」的形象，但實際上這樣的設計並不適合日本的居住環境。

樓梯不是欣賞用的藝術品，而是用來和緩而慎重地連結上下樓層的設備，由於樓梯的種類和位置也會對格局產生極大的影響，因此規劃時務必要小心謹慎。

樓梯的種類與位置對格局影響甚鉅

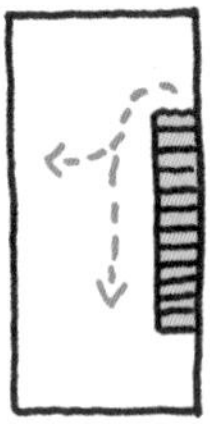

直梯

- 若土地、格局狹長，此種樓梯可避免細長的走廊一直延伸至深處，並可有效利用樓梯以外的空間。
- 又稱為直通樓梯。

折梯

- 格外注重安全性。
- 整體需有足夠的面積設置樓梯平台。
- 又稱為U型梯。

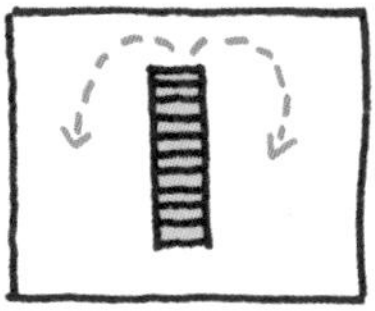

中央梯

- 可依用途明確區隔同一樓層。
- 狹小住宅必須讓樓梯成為起居空間的一部分，以保有寬闊的視野。

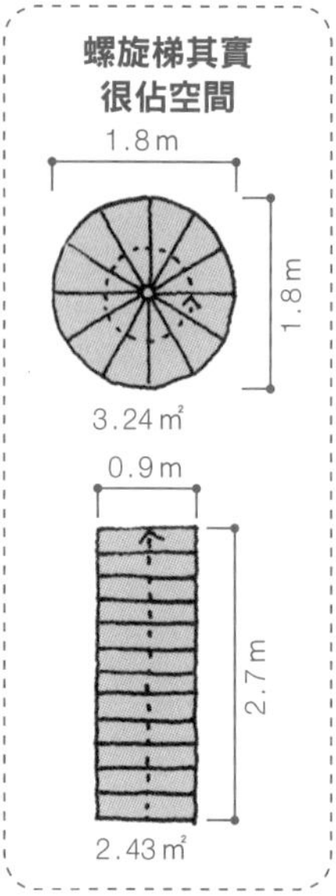
螺旋梯其實很佔空間
1.8m
1.8m
3.24㎡
0.9m
2.7m
2.43㎡

折梯

此種樓梯對格局的影響較小，能夠創造出一體成形的LDK空間。

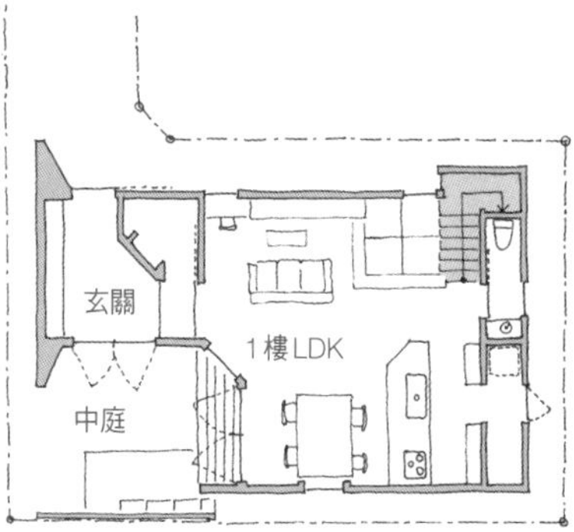
玄關
1樓LDK
中庭

（久我山之家）

直梯

能夠在樓梯四周連貫地配置各空間，盡可能減少走廊空間。

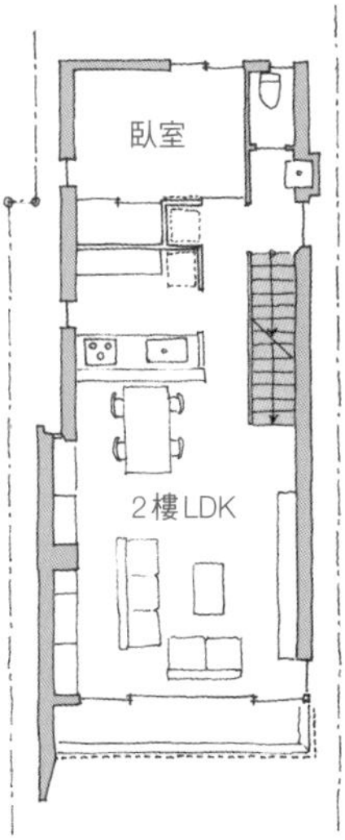
臥室
2樓LDK

（淺草之家）

「連結」空間的中央梯

在中央配置開放式的樓梯，和緩地連結客廳和餐廚空間。

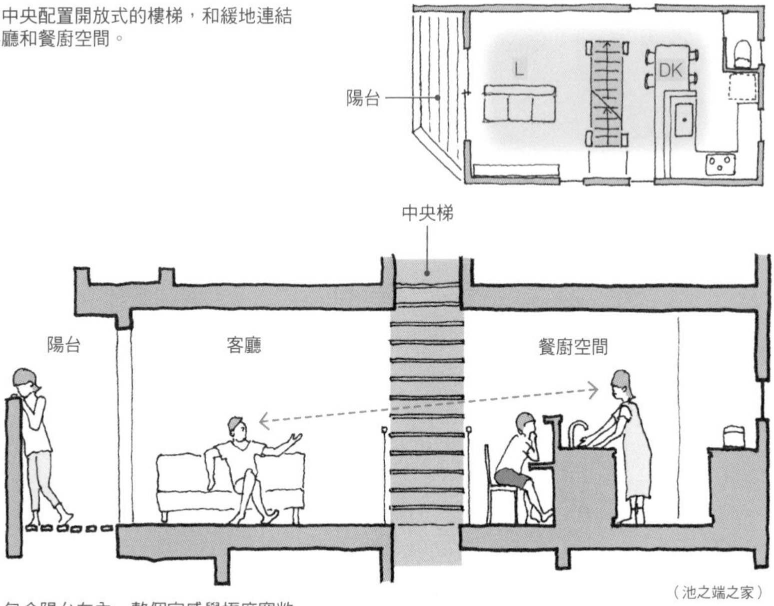

包含陽台在內，整個家感覺極度寬敞

「分隔」空間的中央梯

利用中央梯明確地分隔用途相異的空間，確保各個空間的隱密性。

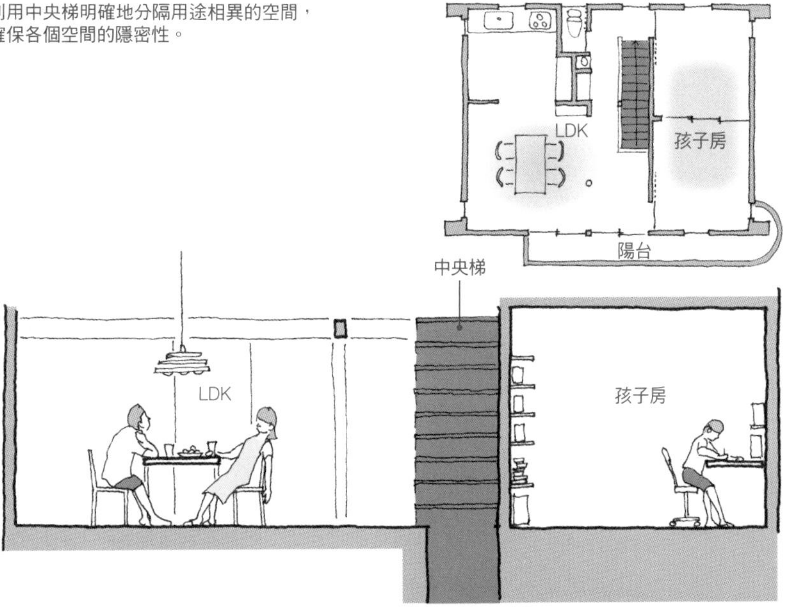

（夙川之家）

天下太平、和平時代的窗戶設計

這是姬路城的槍眼，也稱為砲眼、箭眼，原本是使用槍砲、弓箭時所用的窗戶，但進入和平的江戶時代後經過整修，開始出現許多有趣的設計。

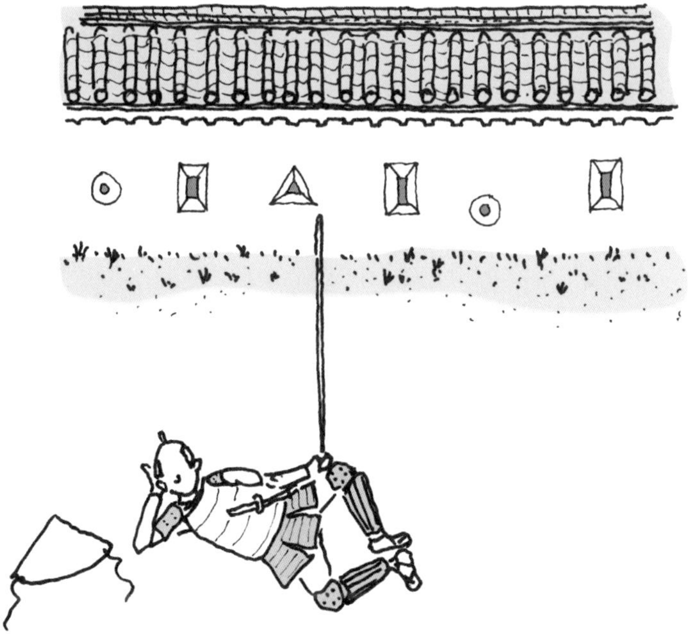

窗戶的存在意義

窗戶乍看之下沒什麼特別，卻經常因為「不想受路過行人的視線打擾……直射陽光太刺眼了……風會將窗戶吹得啪啪作響」等理由而一整天都被窗簾遮住。為了發揮窗戶應有的功能，必須先充分理解「窗戶的存在意義」再進行規劃。

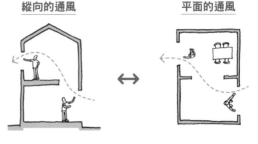

了解窗戶的5大功能

①通風

可於縱向、平面上製造風的路徑。通風性應從住家整體來思考，未必一定要讓風筆直地流通。

縱向的通風

↔

平面的通風

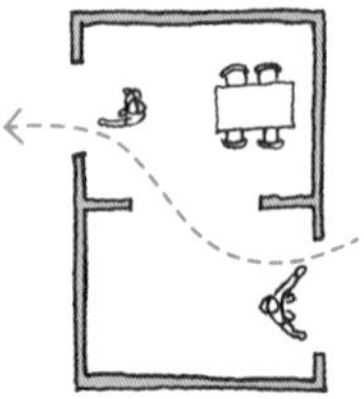

②採光

重視隱私。

一般的窗戶

1樓的採光不足，再加上會與鄰居視線相交，所以無法打開窗戶。

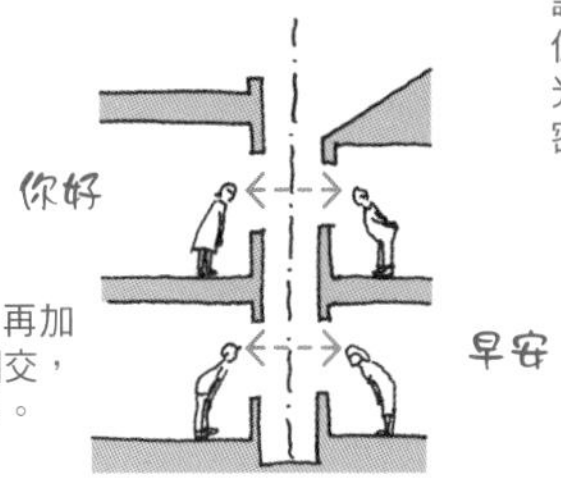
你好
早安

→

重視隱私的窗戶

調整窗戶的高度和位置，逐一解決採光、通風換氣、隱密性等問題。

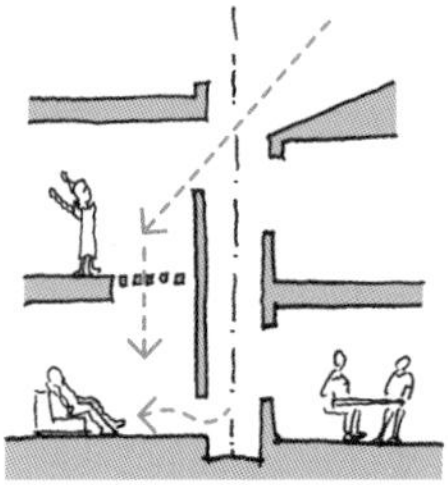

③出入

分成實用性和舒適性兩類。

實用性

想盡快將廚餘
拿到外面去扔

↔

舒適性

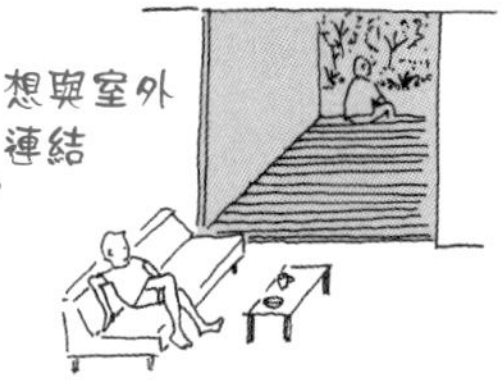
想與室外
連結

④眺望

近景和遠景。

近景

讓人帶著美好愉快的心情出門。

↔

遠景

好美～
這景色實
在太美了

⑤目視確認

察覺人的動靜及外頭的天色。

嚇！

↔

啊，
有人回來了

柱子與柱子之間的窗戶（間戶）？

窗戶的設計概念

屬於日式木造結構的設計。

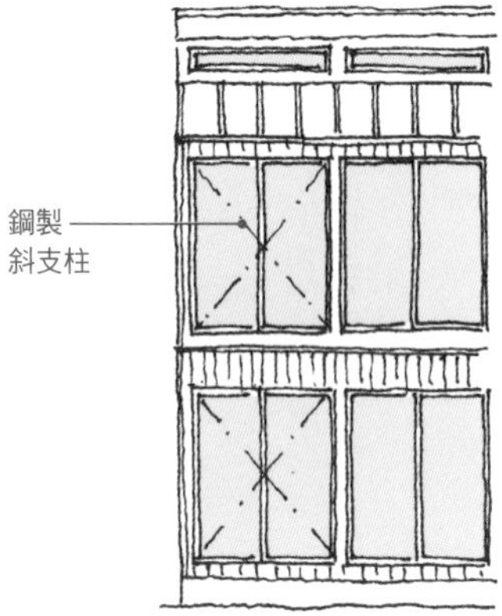

（本八幡之家）

在牆上挖洞的窗戶

屬於西式砌體結構的設計，日本的城堡、倉庫也是採用此法。

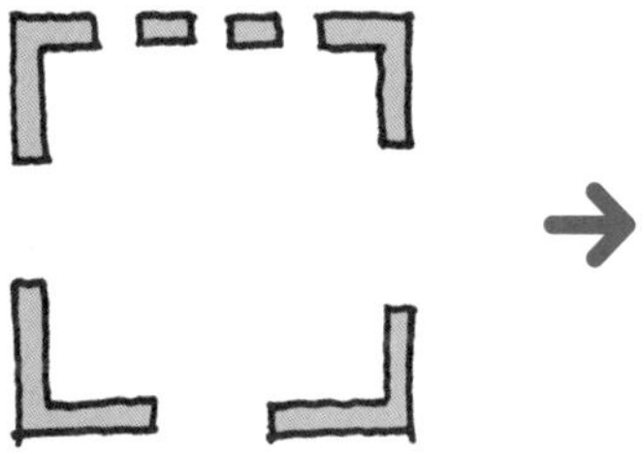

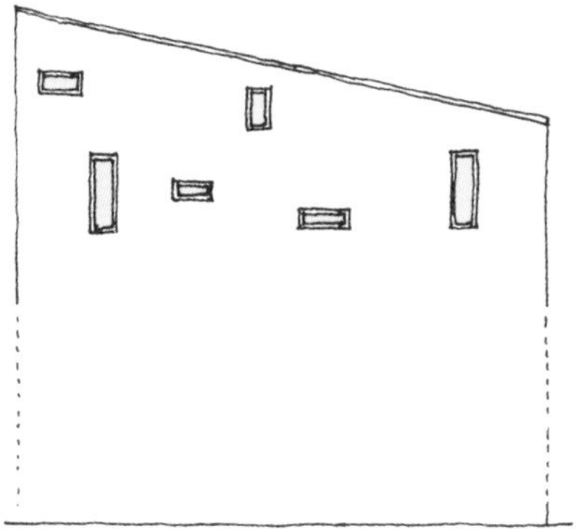

（鶴島之家）

牆間縫隙的窗戶

現代建築多使用此種設計。

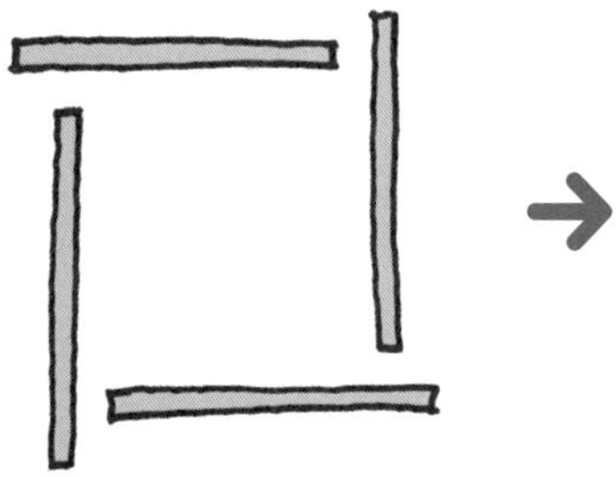

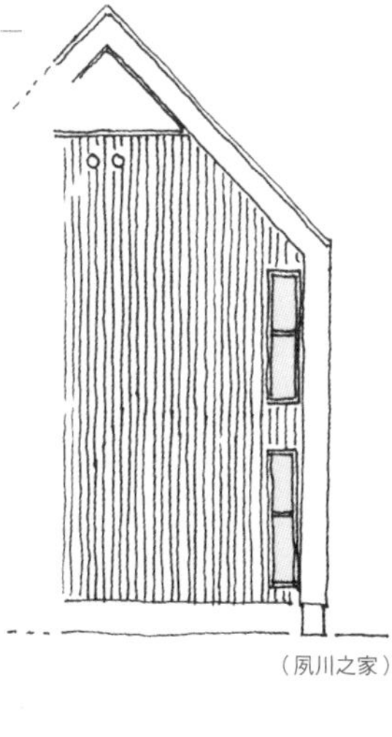

（夙川之家）

讓更多光線照亮住家深處

大屋頂肩負著遮蔽雨露的重責大任，但是卻讓從前的日本民宅即使白天依然非常昏暗。天窗和採光井的組合不但具備大屋頂的優點，還能將光線帶入住家深處，其概念雖然單純，設計時仍須留意天窗的方位和位置，讓經過反射的柔和光線充滿室內。

天窗與採光井的設置方式

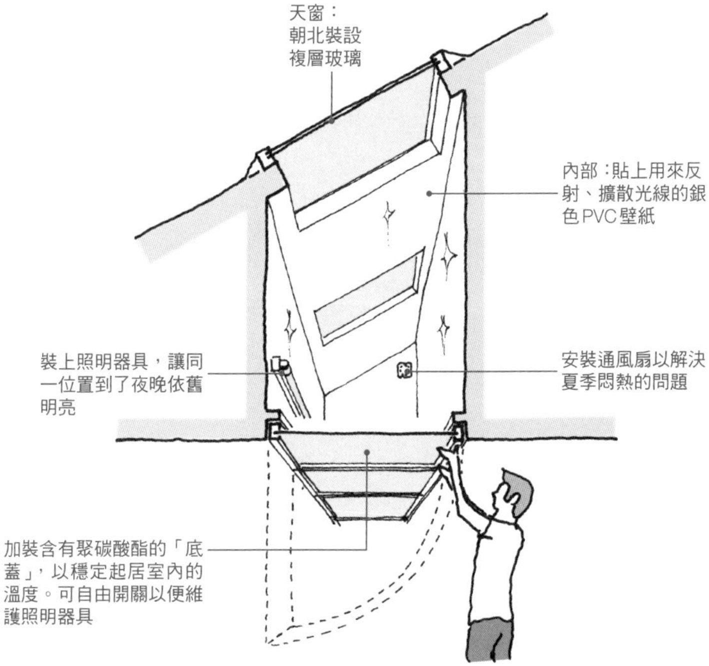
天窗：
朝北裝設
複層玻璃
內部：貼上用來反射、擴散光線的銀色PVC壁紙
裝上照明器具，讓同一位置到了夜晚依舊明亮
安裝通風扇以解決夏季悶熱的問題
加裝含有聚碳酸酯的「底蓋」，以穩定起居室內的溫度。可自由開關以便維護照明器具

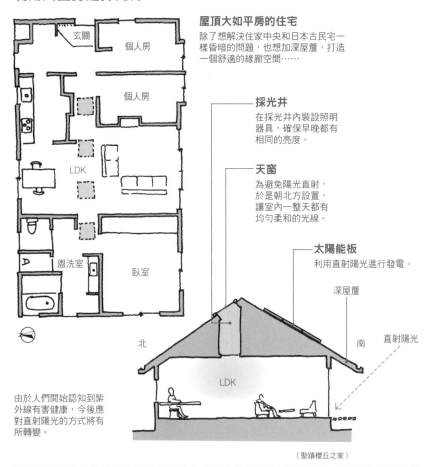

利用天窗打造採光井

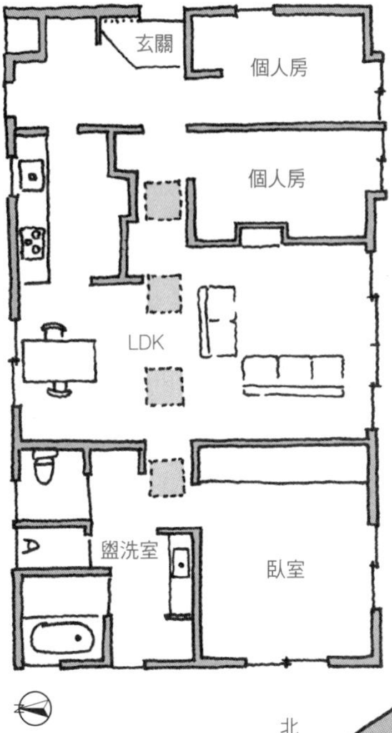
玄關
個人房
個人房
LDK
盥洗室
臥室

屋頂大如平房的住宅

除了想解決住家中央和日本古民宅一樣昏暗的問題，也想加深屋簷，打造一個舒適的緣廊空間……

採光井

在採光井內裝設照明器具，確保早晚都有相同的亮度。

天窗

為避免陽光直射，於是朝北方設置，讓室內一整天都有均勻柔和的光線。

太陽能板

利用直射陽光進行發電。

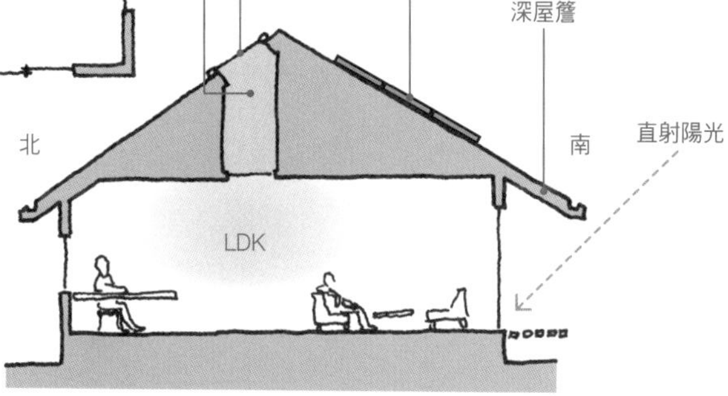
深屋簷
北
南
直射陽光
LDK

由於人們開始認知到紫外線有害健康，今後應對直射陽光的方式將有所轉變。

（聖蹟櫻丘之家）

天窗的亮度有多少？

天窗的亮度據說是側面窗戶的3倍。

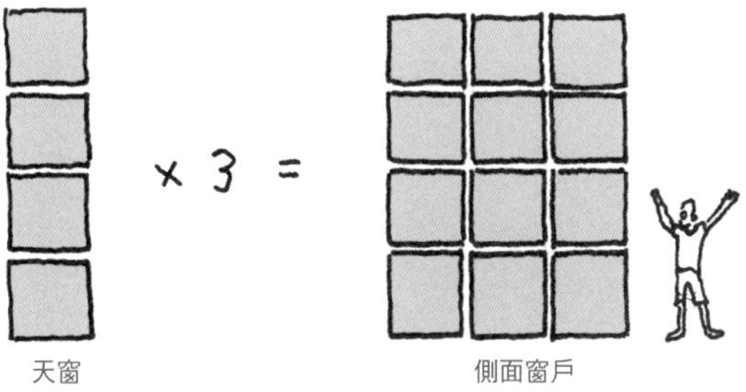
×3 =
天窗
側面窗戶

尤其是位處都市的住宅，為了保有充足的採光和隱密性，天窗可以說是不可或缺的。

甚至能夠串起人心的挑高

以前有一支廣告曾經大肆宣傳要栽培出大人物，最好能夠拉高房間的天花板，事實上真是如此嗎？雖然無法斷定其真實性，不過可以確定的一點是「住家內各房間的天花板高度最好有高有低」。比方說將家中的部分天花板「挑高」，不僅能夠創造開放感、提升美觀度，更可以連結上下樓層的氛圍與氣息。

連結氛圍與氣息

不只是說話聲和生活聲響，就連飯菜的香氣也會透過挑高四處飄散。

與客廳連結

除了樓下的客廳，同時也和對向的露台
自然地相連。

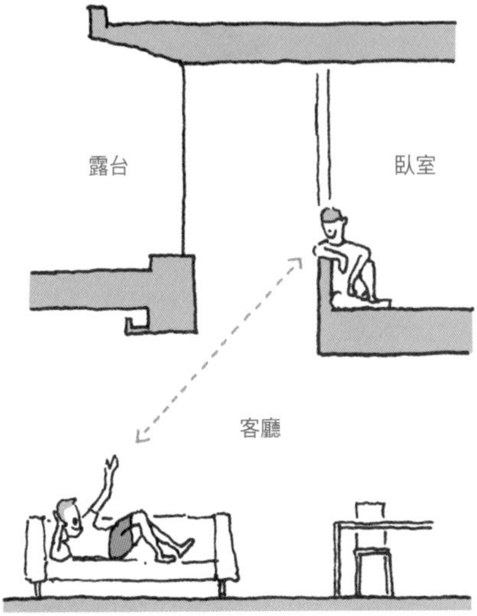

（淺草之家）

與餐廳連結

利用斜屋頂的些許空間與
樓下的餐廳相連。

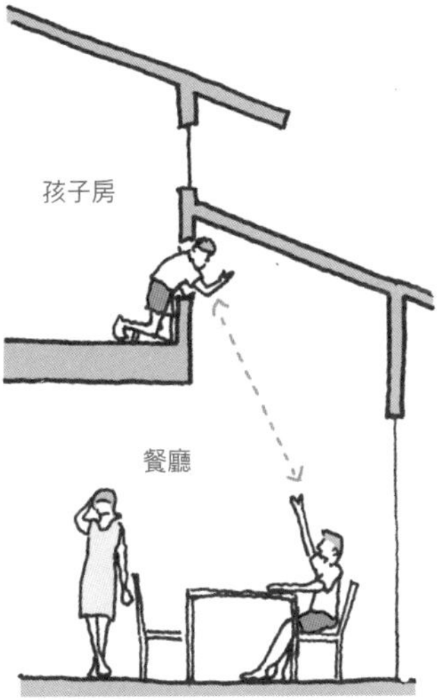

（下總中山之家）

與廚房連結

孩子房能夠透過延長2樓斜屋頂所產生的挑高，
隨時感受到母親的氣息。

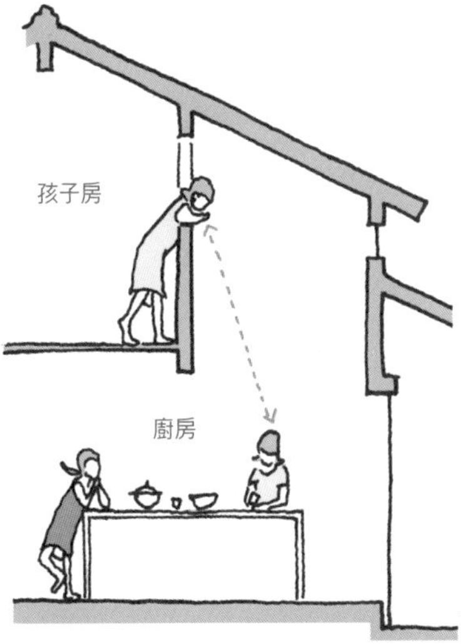

（大井松田之家）

挑高處容易囤積熱氣和氣味，規劃時
別忘了設置小型通風扇讓空氣流通。

兩代同堂住宅有很多其實是三代同堂住宅

無論是共有型或分離型，同住一個屋簷下的兩代同堂住宅都魅力無窮。

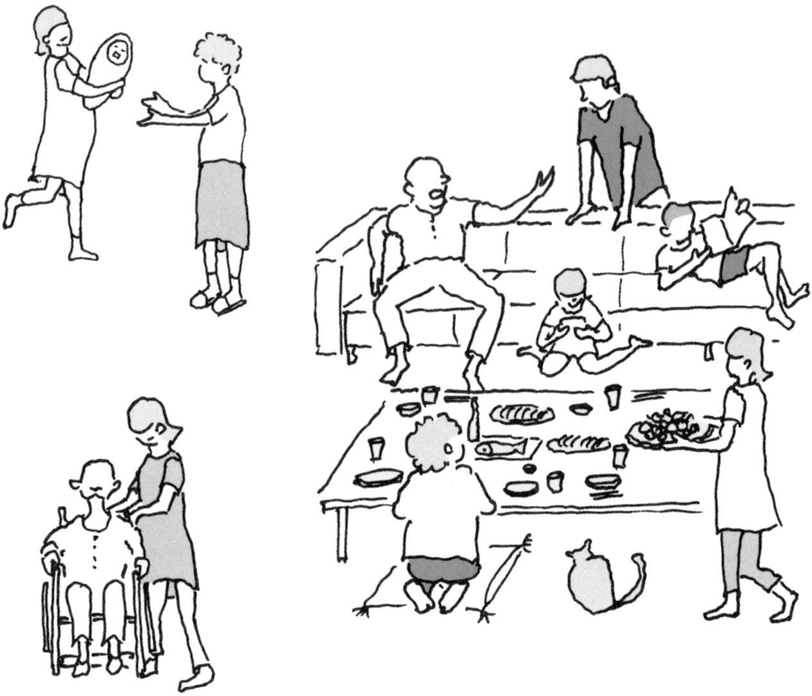

兩代同堂住宅的分合抉擇

父母親與子女輩同住在從前原本是理所當然的事情，但隨著核心家庭的演進，這樣的觀念曾一度遭到摒棄，直到近幾年，土地價格高漲，再加上育兒、高齡化、照護等社會問題的浮現，「兩代同堂住宅」的觀念才又再次普及。

不過，要讓兩代（三代）的人們同住一個屋簷下，格局配置方面確實需要花費不少功夫。

完全「分離」的格局

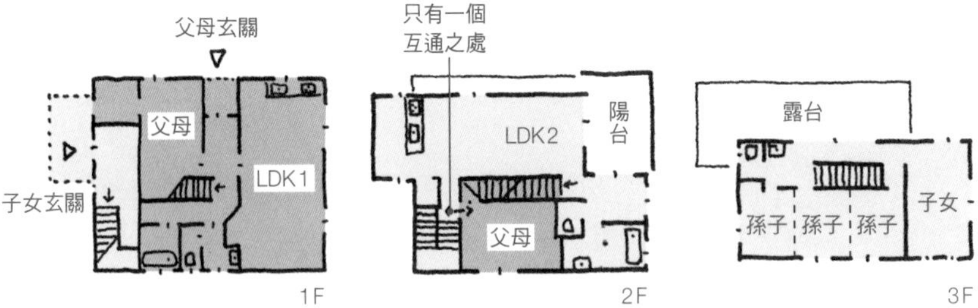
父母玄關
只有一個
互通之處
父母
LDK1
子女玄關
LDK2
陽台
父母
露台
孫子
孫子
孫子
子女
1F
2F
3F

沒有共有的空間，只在需要時彼此往來的格局。
- LDK ×2
- 浴室、盥洗室 ×2
- 廁所 ×3

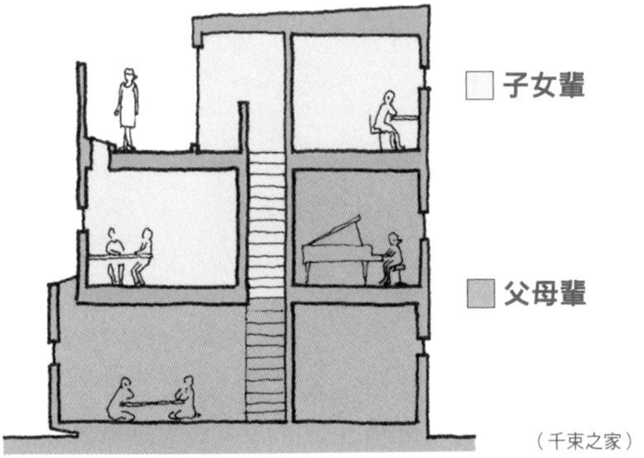
子女輩
父母輩
（千束之家）

有「共有」部分的格局

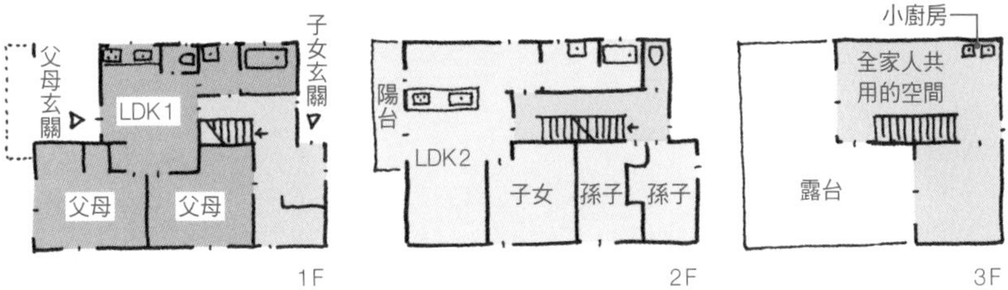
父母玄關
LDK1
子女玄關
父母
父母
陽台
LDK2
子女
孫子
孫子
小廚房
全家人共用的空間
露台
1F
2F
3F

共用樓梯、走廊，用水處則分開使用的格局。3樓是全家人團聚的空間。
- LDK ×2
- 浴室、盥洗室 ×2
- 廁所 ×2
- 小廚房

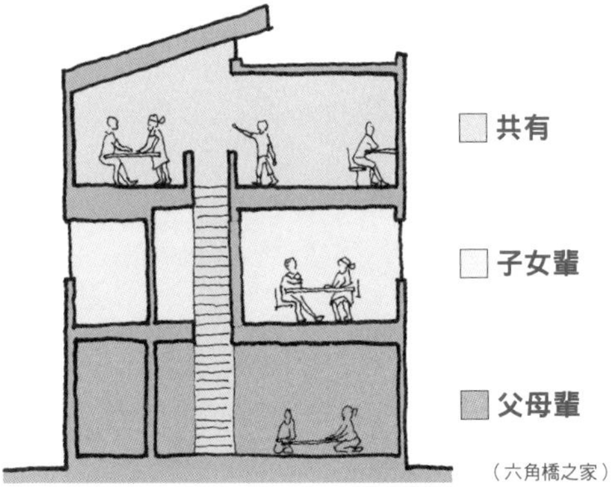
共有
子女輩
父母輩
（六角橋之家）

由縱向創造居家寬敞感

狹 小住宅最亟需解決的問題就是「營造寬敞感」，然而無論是翻修或新建住宅，都很難只憑平面規劃解決這一點。

因此建議不妨改變視角，大膽地嘗試縱向規劃，這樣一來不僅是「寬敞感」，還能一併解決採光、通風、良好生活動線等種種問題。

有許多問題無法從平面圖得知

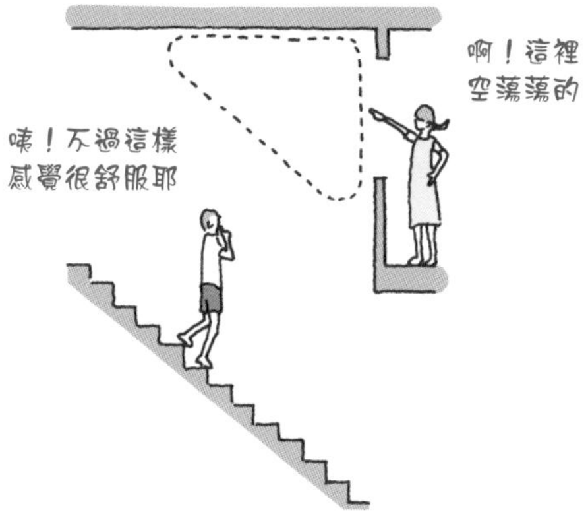
啊！這裡空蕩蕩的
咦！不過這樣感覺很舒服耶

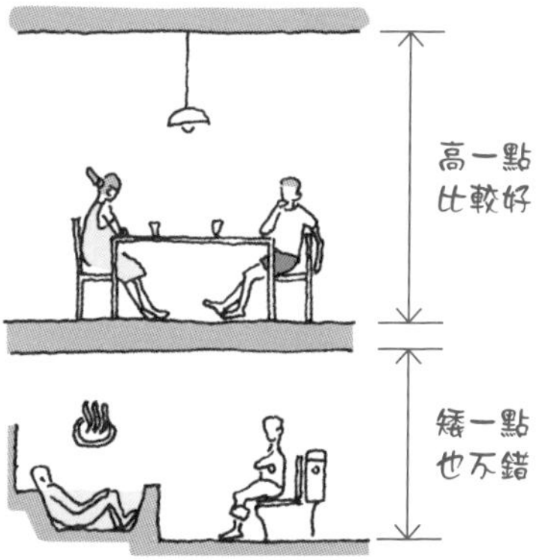
高一點比較好
矮一點也不錯

不要挖得太深喔…
當初忘記蓋地下室了

一味地使用地板收納

大膽地改變縱向空間

老街平房「鰻魚床」的翻修實例。

Before

屬於正面寬度一間半（2.73m）的戰前平房，也就是所謂「鰻魚床」的屋型，而且缺乏日照，居住環境可以說相當惡劣。

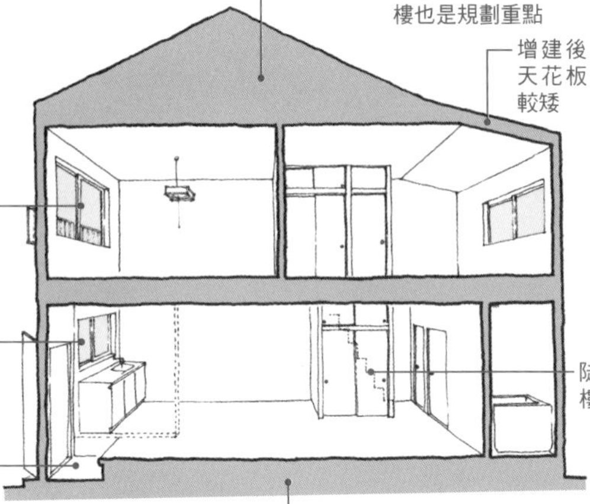
沒有在使用的屋頂閣樓也是規劃重點
增建後有部分天花板的高度較矮
窗戶太小無法讓光線照入，導致屋內終日昏暗
陡急的危險樓梯
狹小的玄關
地板下方也是寶貴的收納空間

After

儘管面積因減建而減少，卻創造出豐富實用的縱向空間。

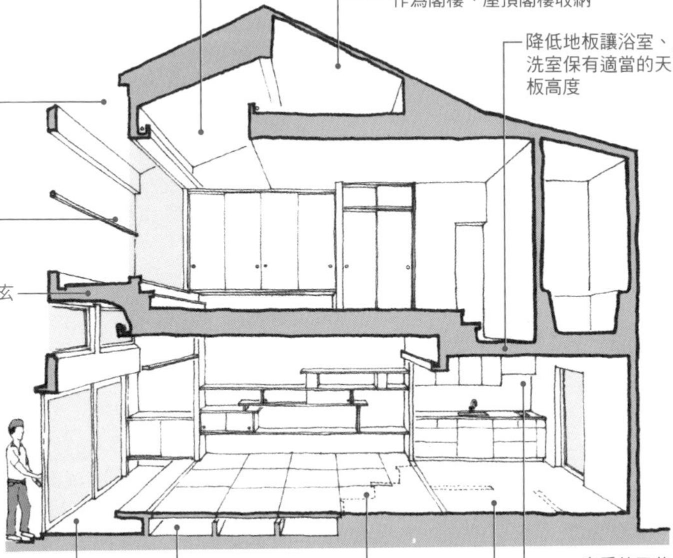
閣樓可透過挑高與臥室相連，避免產生封閉感
作為閣樓、屋頂閣樓收納
降低地板讓浴室、盥洗室保有適當的天花板高度
能夠感受到天空
藉由減建增設露台
提高地板讓玄關挑高明亮
廚房的天花板高度降至最低
設置與正面等寬的玄關土間
地板下方全是收納
樓梯的坡度和緩又安全
樓梯下方是廁所

（人形町之家）

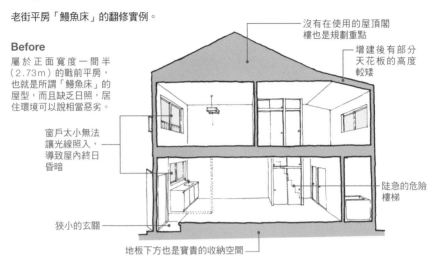

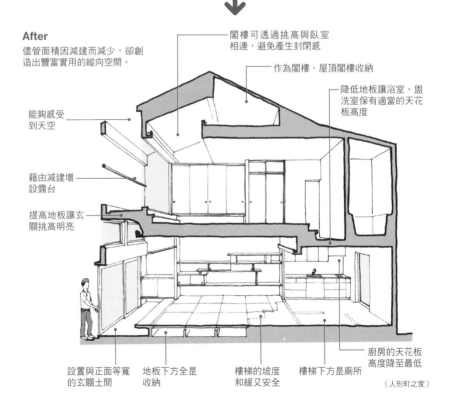

變形狹小住宅就靠地下空間＋跳層來解救

土地面積只有61㎡、嚴格的道路斜線限制，再加上土地形狀不方正……
能夠解決這三重難關的就是「地下空間＋跳層」。

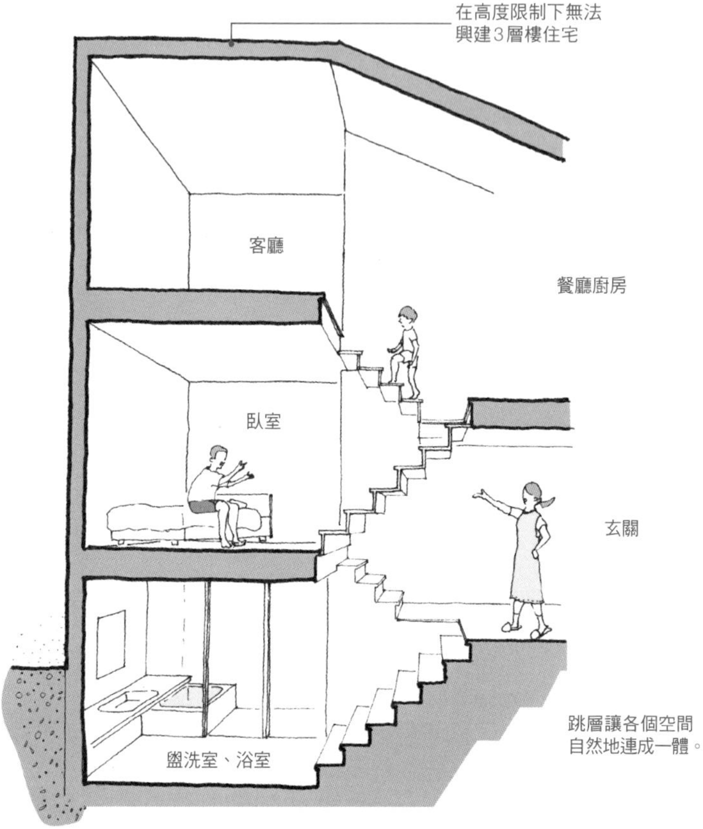

在高度限制下無法
興建3層樓住宅

盥洗室、浴室
跳層讓各個空間
自然地連成一體。

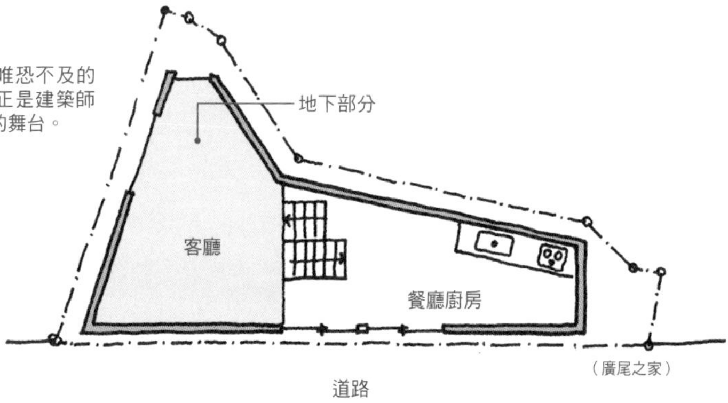
連建商都避之唯恐不及的
變形狹小地，正是建築師
大展設計長才的舞台。

第3章

打造住家外觀

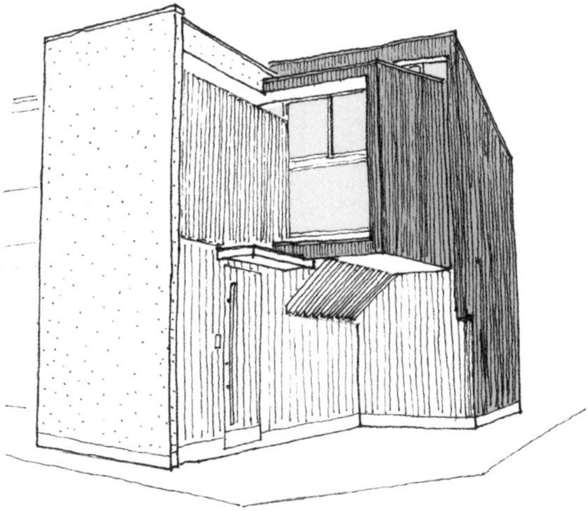

時髦的外觀是由方塊組成

製造出「簷下、露台、中庭」。

有如Cube的小平房。

造型簡潔又實用的2層樓住宅。

與地面相連、生活便利的平房。

藉由「錯移」在2樓製造出陽台。

藉由「錯移」在1樓製造出簷下。

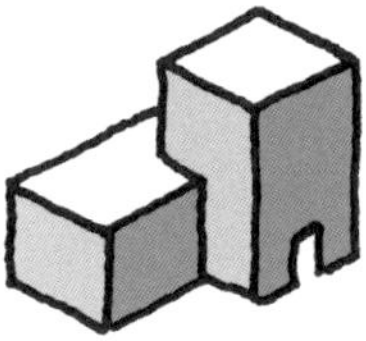

嵌入設計令空間豐富多姿。

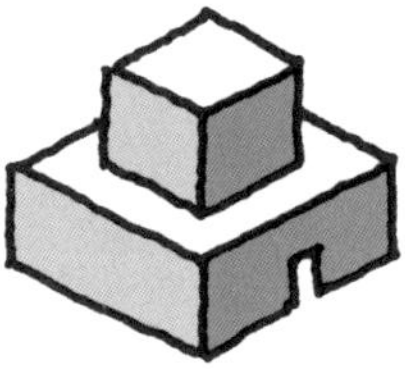

充滿象徵性的形狀散發安定感。

「錯移」的組合讓空間產生許多可能性。

以方塊堆疊出時髦住宅

Volume一詞的意思原本是「立體空間的量」，不過在這裡是指積木般的方塊狀。外觀摩登的建築物大致上都運用了方塊堆疊的概念，雖然看似排除了屋頂、簷下、緣廊這些日式住宅的必備元素，卻能藉由錯移或結合的手法，創造出既時髦又適合日本居住環境的住宅。

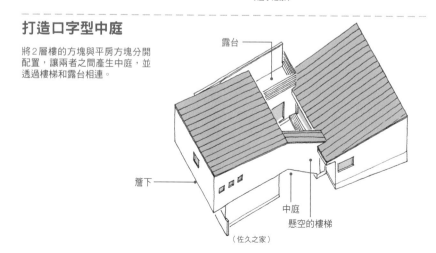

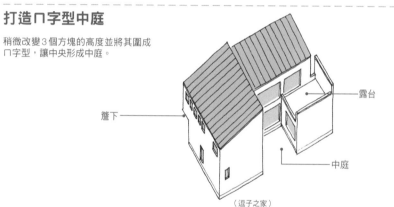

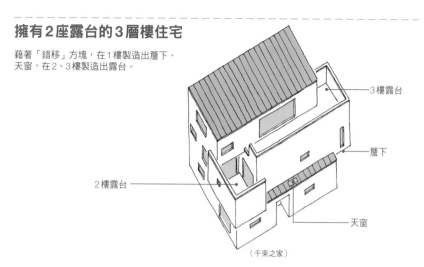

擁有2座露台的3層樓住宅

藉著「錯移」方塊，在1樓製造出簷下、天窗，在2、3樓製造出露台。

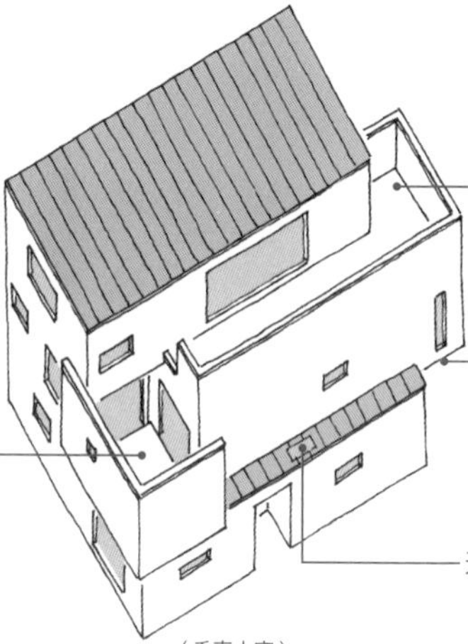
3樓露台
簷下
2樓露台
天窗

（千束之家）

打造ㄇ字型中庭

稍微改變3個方塊的高度並將其圍成ㄇ字型，讓中央形成中庭。

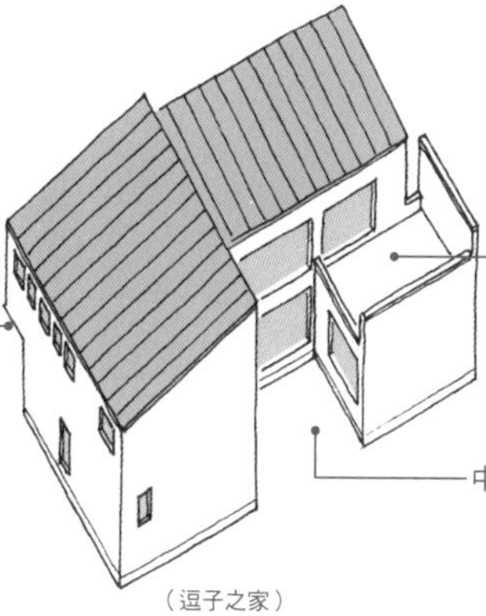
露台
簷下
中庭

（逗子之家）

打造口字型中庭

將2層樓的方塊與平房方塊分開配置，讓兩者之間產生中庭，並透過樓梯和露台相連。

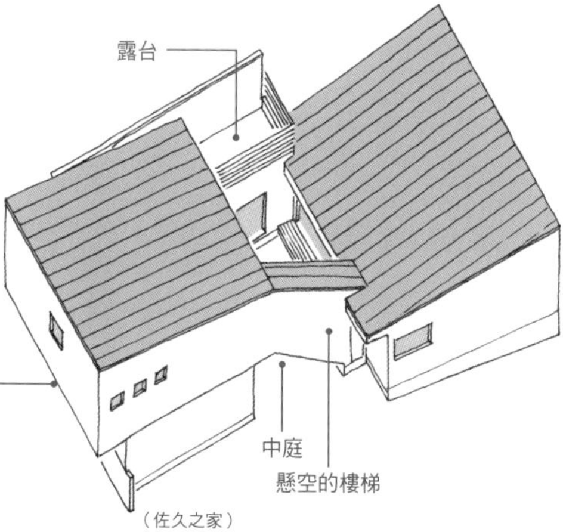
露台
簷下
中庭
懸空的樓梯

（佐久之家）

各式屋頂的選擇方式

須考量降雨、積雪量、防水性、防風性、採光等條件。

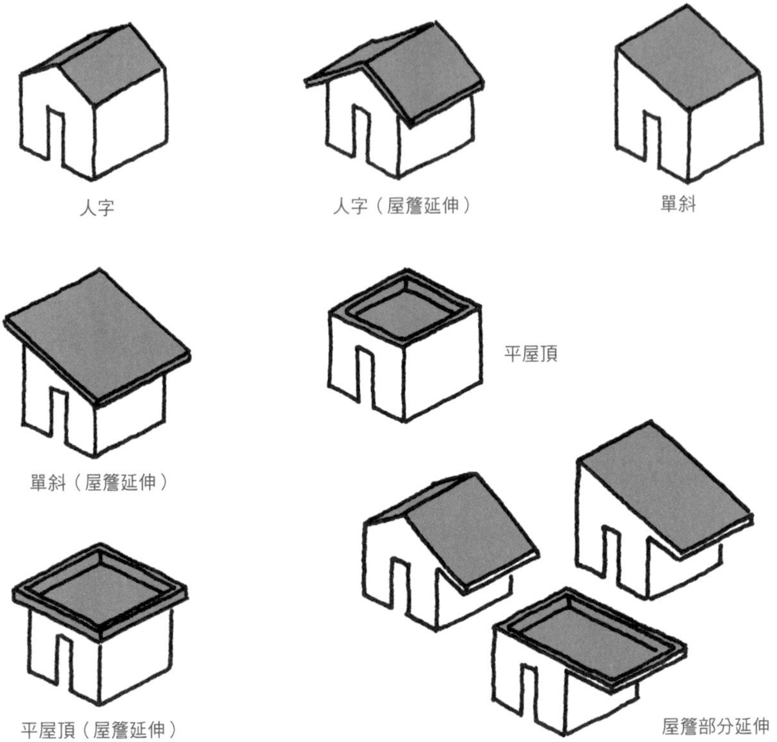
人字
人字（屋簷延伸）
單斜
單斜（屋簷延伸）
平屋頂
平屋頂（屋簷延伸）
屋簷部分延伸

為住家營造日式風情的屋頂

處在氣候多雨、夏熱冬寒的日本，住宅的屋頂一向肩負著相當重要的任務，不僅如此，屋頂也讓日本的景色帶給人們深深的懷舊情懷與安心感。如果不充分突顯屋頂的特性，房屋就會顯得平凡單調，尤其日式住宅更需要降低高度，強調水平方向的延伸。

主體人字＋附屬的人字

在重疊2個人字的主體之外，
再加上獨立性強的浴室和琴房的小人字。

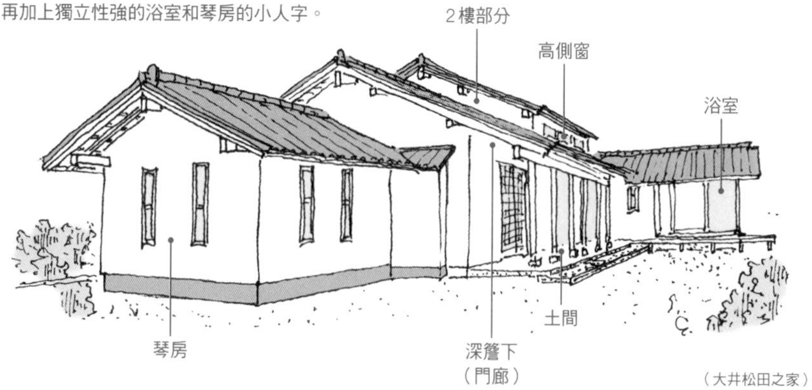
2樓部分
高側窗
浴室
土間
琴房
深簷下
（門廊）
（大井松田之家）

強調水平方向的延展

依序交疊3個人字，並在其
縫隙間設置高側窗。

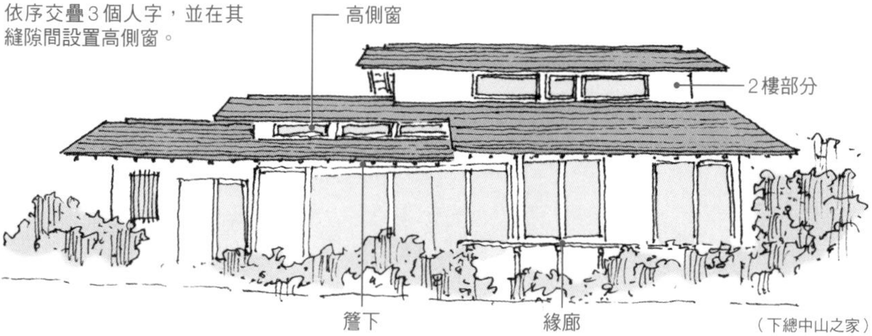
高側窗
2樓部分
簷下
緣廊
（下總中山之家）

強調三角形部分的歇山頂＋人字

在小小的歇山頂後方搭配大
大的人字，並於三角形部分
設置高側窗。

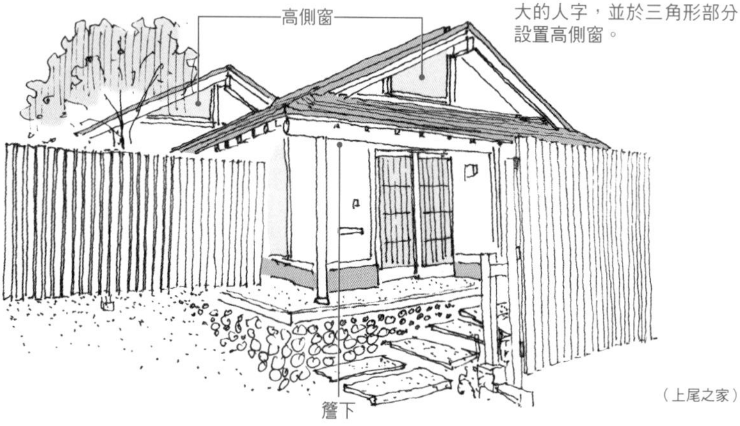
高側窗
簷下
（上尾之家）

充滿日式時髦感的格柵

當想要感受白天的光線和風，又不想受往來行人的視線打擾時，格柵能夠在住家與行人之間有效地發揮過濾功能；如果希望增添日式風情，卻因為土地條件而無法將屋簷向外延伸，這時也能利用格柵營造出日式氛圍。只要配合生活方式與街景，變換格柵的材質、大小和間隔，就能打造出外觀富有個性的住宅。

利用屋簷、遮蔽格柵改造外觀的方式

須考量是要流通或阻斷光線、風和視線，以及與行人之間的距離感。

空無一物

在2樓設屋簷

也在1樓設屋簷

在屋簷上設陽台

以格柵完全覆蓋

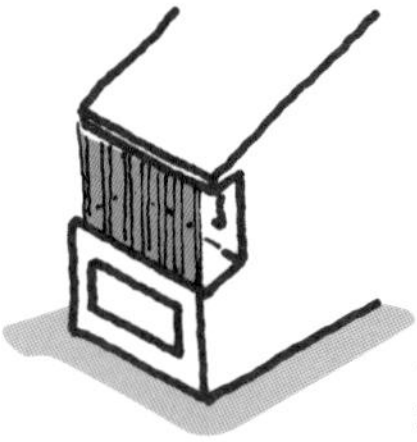
1樓外推
2樓裝設格柵

2樓外推
1樓裝設格柵

2樓格柵

含木材樹脂材

這幢3層樓住宅雖然以氣氛沉穩的混凝土建造而成，卻因為3樓內凹且2樓部分加裝了看似輕盈的格柵，而讓路上行人絲毫不感壓迫。

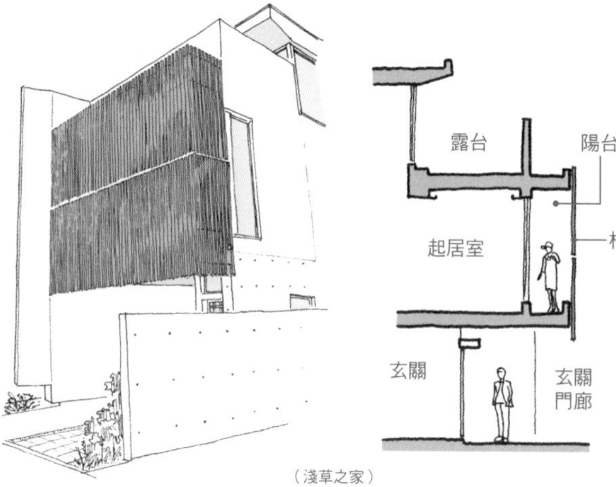

（淺草之家）

1、2樓格柵

紅膠木材

藉著將格子分散錯置於1、2樓，讓整體視覺感顯得輕快不沉重。上方開口的功能則是確保玄關門廳的亮度。

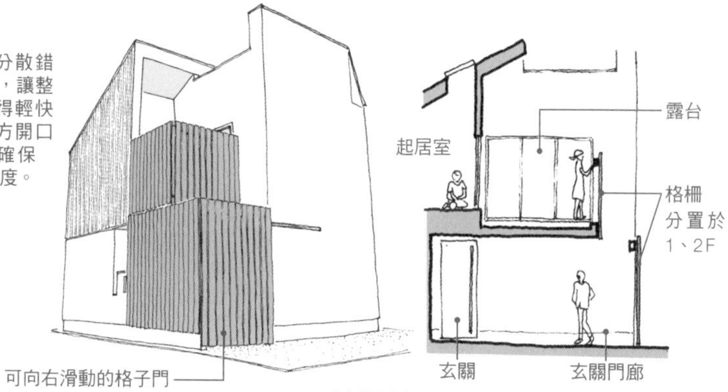

（小岩之家）

1樓格柵

美西側柏材

在1樓的玄關門廊旁製造緩衝帶，賦予外觀深廣的空間感。

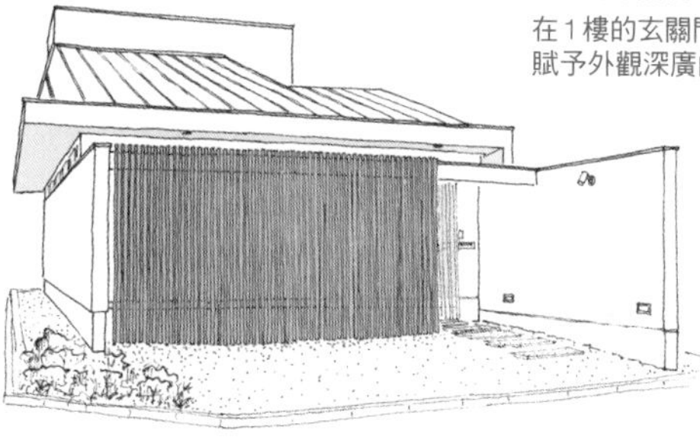

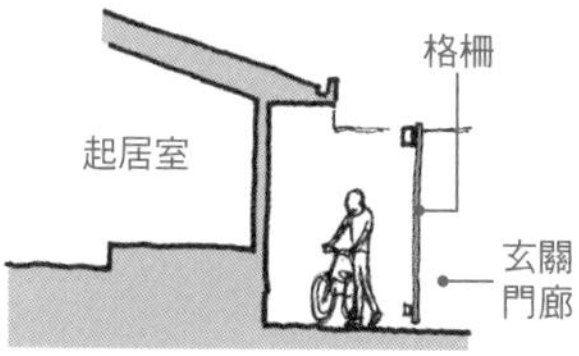

（生實野之家）

發揮外裝材的特性

為了在住宅密集區內保有最大的地板面積，一般多會將房屋蓋成各層面積幾乎相等的2層樓或3層樓住宅，但是那樣的住宅外觀經常單調得有如方形餐盒。這時，雖然也可以藉著搭配外裝材為住家增色，但如果只是以顏色區分樓層，感覺上又稍嫌無趣。建議不妨讓1樓的材料稍微延伸至2樓，或是讓屋頂材料延續至外牆，藉此大幅改變建築物的整體印象。

各種外裝材所呈現出來的外觀

須考量耐候性、維護性及整體風格。

a
水泥砂漿下地、泥水
粉刷、噴漆塗裝

b
窯業風
（磁磚外牆板）

c
鋪木材

d
金屬風
（板金外牆板）

e
石板
（通稱：化妝石板）

f
混搭

b＋混凝土

RC 造＋木造、3 層樓

不以外裝材區分樓層，而是將1樓的混凝土稍微延伸至2樓，讓整體不顯單調。

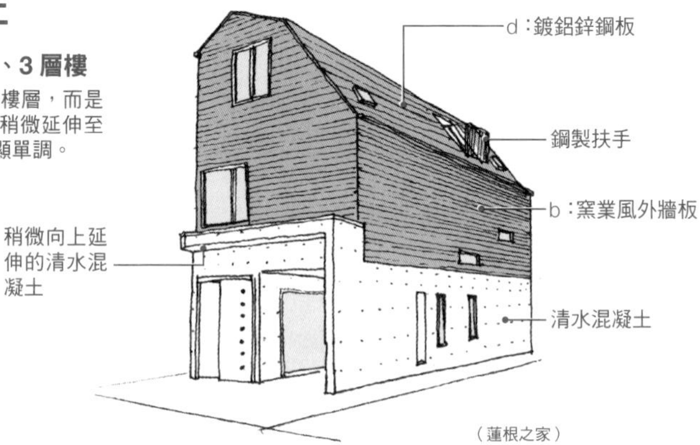

d：鍍鋁鋅鋼板
鋼製扶手
b：窯業風外牆板
稍微向上延伸的清水混凝土
清水混凝土

（蓮根之家）

a＋e

木造 3 層樓

為了消除3層樓狹小住宅的單薄印象，於是讓屋頂的石棉板往下延續至外牆，藉以壓低重心並賦予住宅份量感。

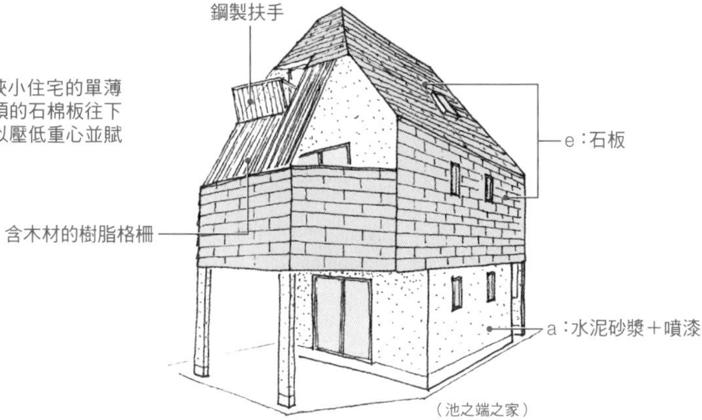

鋼製扶手
e：石板
含木材的樹脂格柵
a：水泥砂漿＋噴漆

（池之端之家）

a＋c＋d

木造 2 層樓

與人相鄰的部分鋪木材，其他部分則是以耐候性佳的鋼板、噴砂作為表面材。左右兩邊分別使用了不同的外裝材。

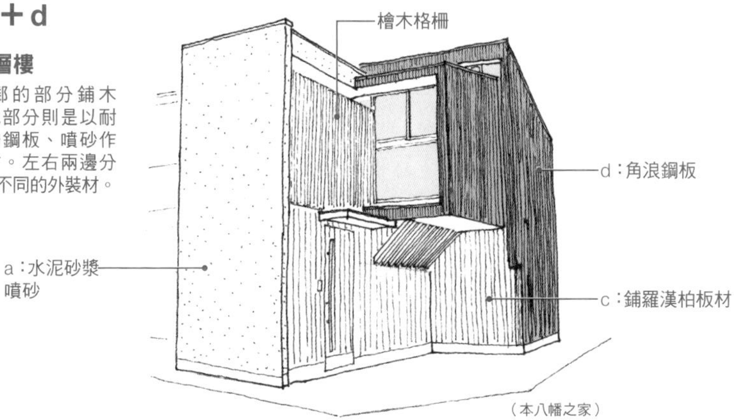

檜木格柵
d：角浪鋼板
a：水泥砂漿
噴砂
c：鋪羅漢柏板材

（本八幡之家）

雙拉門玄關

高度略低的優雅設計。

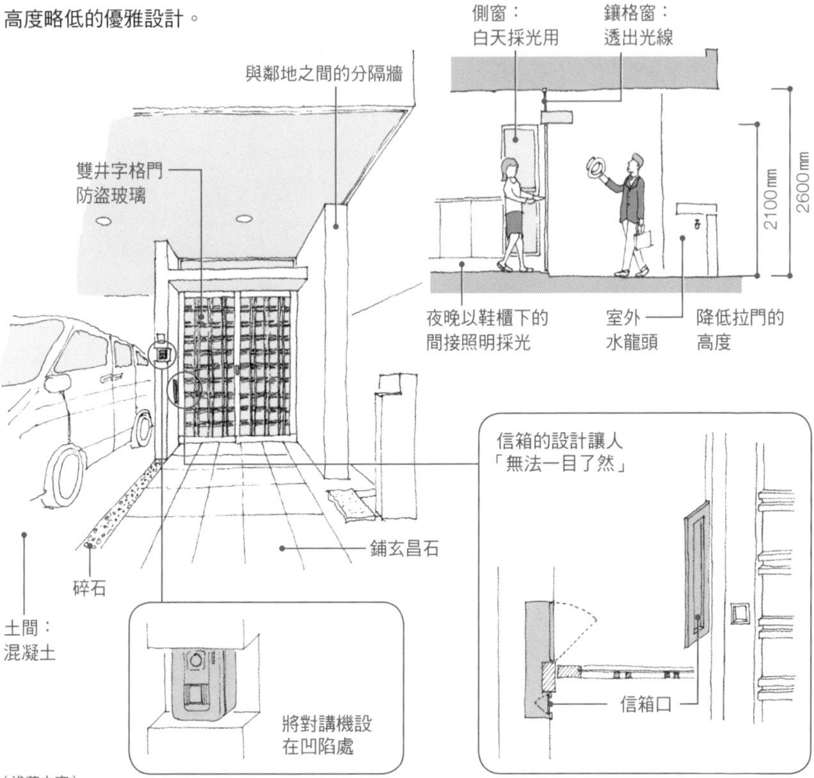
側窗：
白天採光用
鑲格窗：
透出光線
與鄰地之間的分隔牆
雙井字格門
防盜玻璃
2100mm
2600mm
夜晚以鞋櫃下的
間接照明採光
室外
水龍頭
降低拉門的
高度
信箱的設計讓人
「無法一目了然」
鋪玄昌石
碎石
土間：
混凝土
將對講機設
在凹陷處
信箱口

（淺草之家）

稍微退縮的雅致日式玄關

在京都，人們將從道路通往玄關的通道稱為露地，並會在此展現居家品味。

假使您因為家中沒有那麼大的土地而打消了設置通道的念頭，那麼建議您可以讓建築物內凹，將玄關設在「退後一步」的位置上，利用玄關展現熱情招呼客人入內時的舉止姿態。在屋簷和牆壁的圍繞下，玄關盡頭散發出既非室外亦非室內，卻感覺莫名沉靜的氛圍。

雙開門玄關

若將門全部打開，玄關便會與寬敞的土間連成一體。

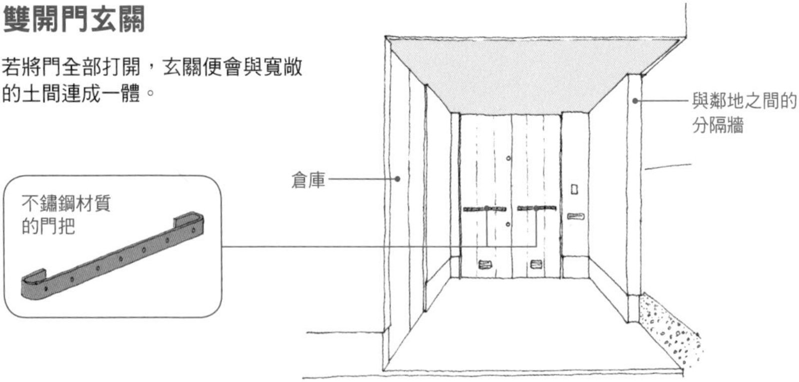
與鄰地之間的分隔牆
倉庫
不鏽鋼材質的門把

（鵠沼海岸之家）

單開門玄關

強調縱向感的細長設計。

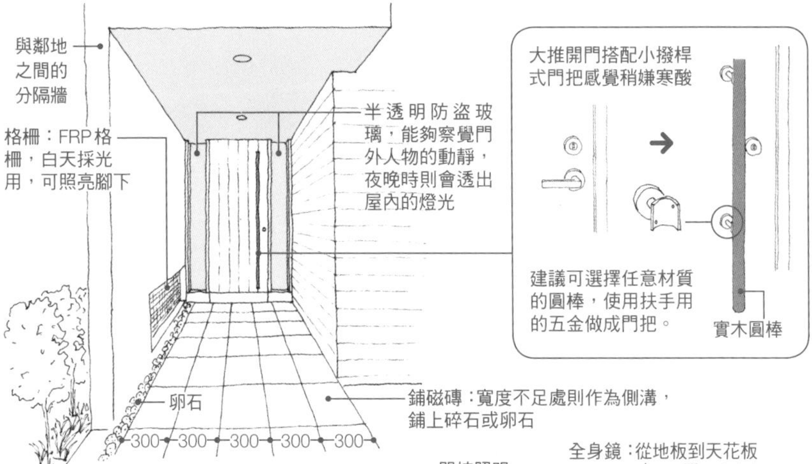
與鄰地之間的分隔牆
格柵：FRP格柵，白天採光用，可照亮腳下
半透明防盜玻璃，能夠察覺門外人物的動靜，夜晚時則會透出屋內的燈光
大推開門搭配小撥桿式門把感覺稍嫌寒酸
建議可選擇任意材質的圓棒，使用扶手用的五金做成門把。
實木圓棒
卵石
鋪磁磚：寬度不足處則作為側溝，鋪上碎石或卵石
300 300 300 300 300

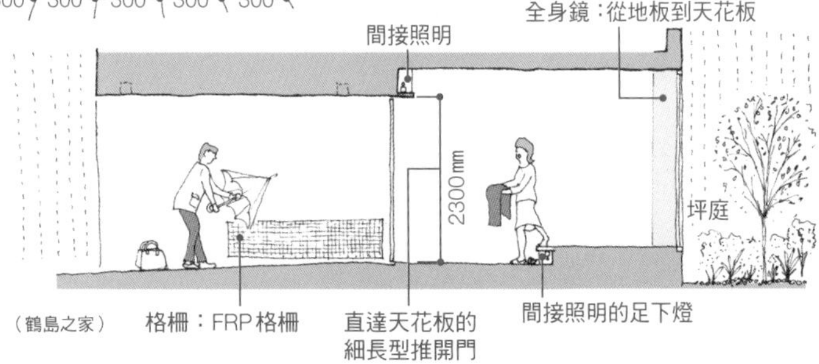
全身鏡：從地板到天花板
間接照明
2300mm
坪庭
格柵：FRP格柵
直達天花板的細長型推開門
間接照明的足下燈

（鶴島之家）

陽台的維護工作

設計住宅時，必須連幾年後的維護、機器設備的更新都納入考慮，尤其像陽台暴露於戶外的木材部分，無論怎麼加強防腐處理，效果都無法維持太久。除了一開始就要將陽台設計成能夠在盡量不觸及主體結構的情況下進行分解、重組，盡可能避免與外牆相接也能減少漏雨的風險。

可重組的陽台結構

與外牆的接點極少

這樣的設計即使腐爛了，也能以便宜材料進行重組。

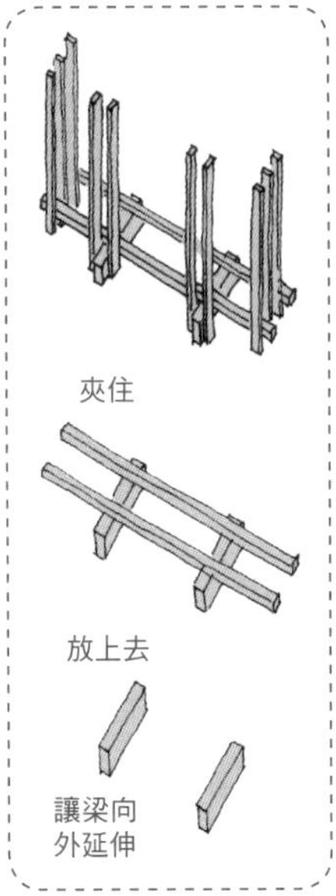
夾住
放上去
讓梁向
外延伸

（下總中山之家）

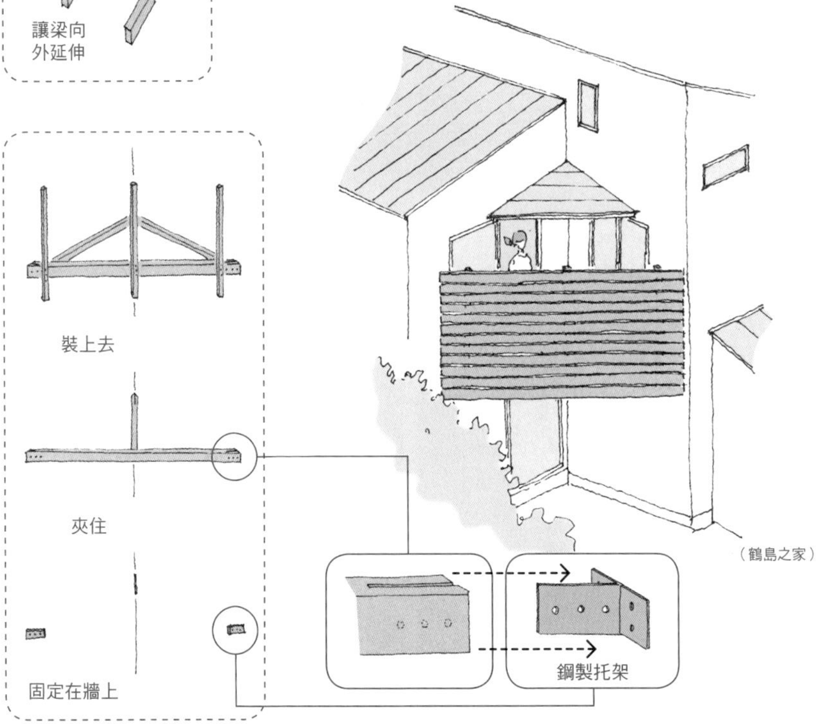
裝上去
夾住
固定在牆上
鋼製托架

（鶴島之家）

車庫的服務對象不只是車

從前車庫的用途是以珍藏愛車為主。

現在的車庫也是貼心服務全家人的優秀工具。

車庫也要有良好的通風和採光

隨著汽車從人們彼此炫耀性能、設計的嗜好品，變成了育兒、照護老年人所不可或缺的生活工具，車庫也必須從只是用來收納車子的空間，轉變成日常動線上的生活場所。車庫不再是拉上鐵捲門後就漆黑一片的地方，除了要引入光線、排除廢氣，更要安排與玄關相通的動線，讓人不會被雨水淋溼。

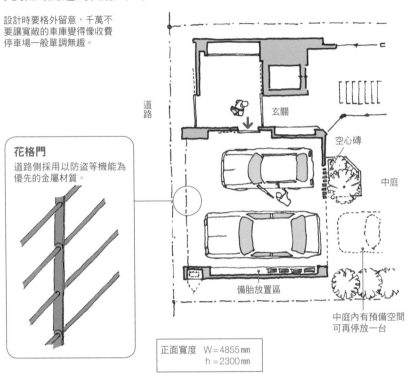

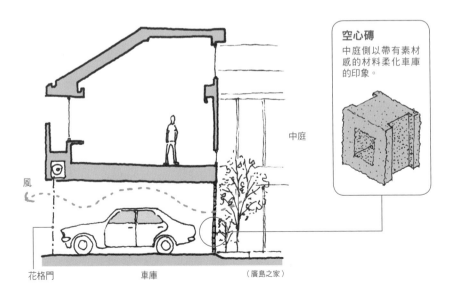

光和風流通的寬敞車庫

設計時要格外留意，千萬不要讓寬敞的車庫變得像收費停車場一般單調無趣。

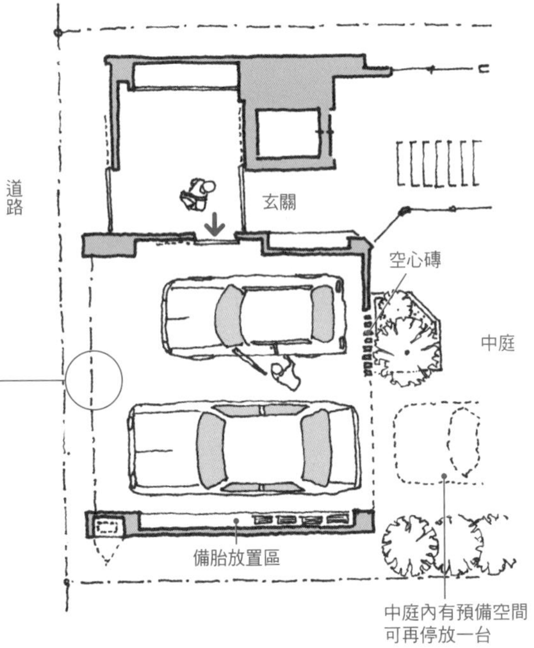
道路
玄關
空心磚
中庭
備胎放置區
中庭內有預備空間
可再停放一台

花格門

道路側採用以防盜等機能為優先的金屬材質。

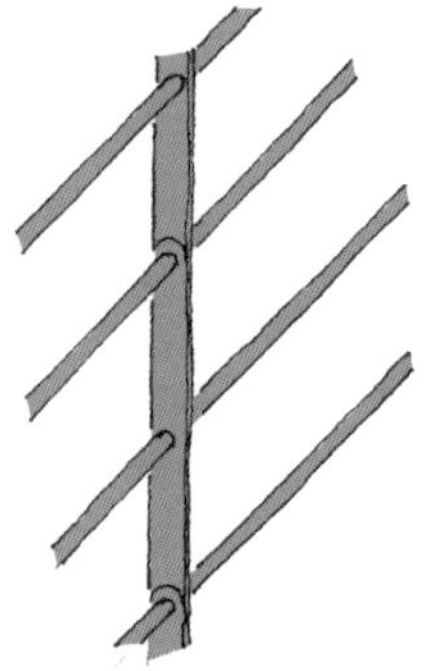

正面寬度　W＝4855㎜
　　　　　h＝2300㎜

中庭
風
花格門
車庫
（廣島之家）

空心磚

中庭側以帶有素材感的材料柔化車庫的印象。

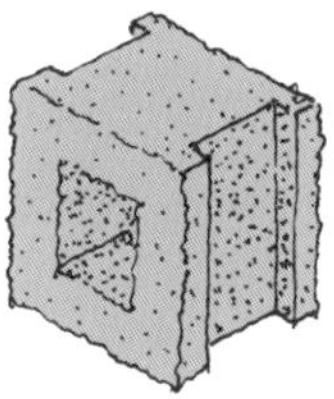

只要花點心思，小車庫也能發揮大功用

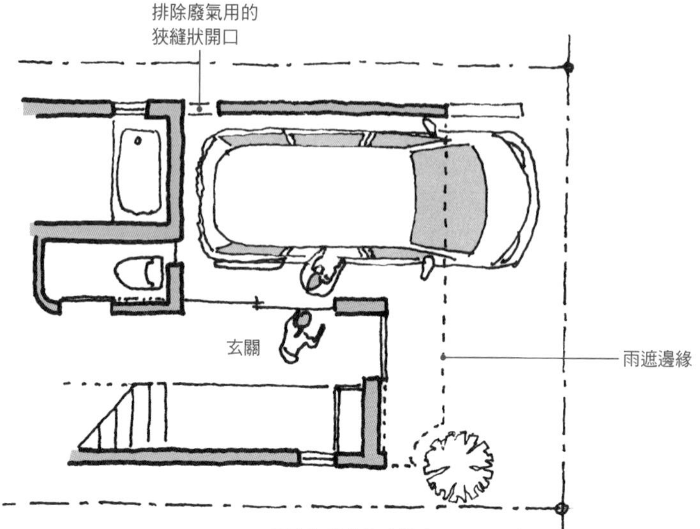
排除廢氣用的
狹縫狀開口
玄關
雨遮邊緣

儘管無法完全容納車子，只要上下車時不會淋到雨即可。

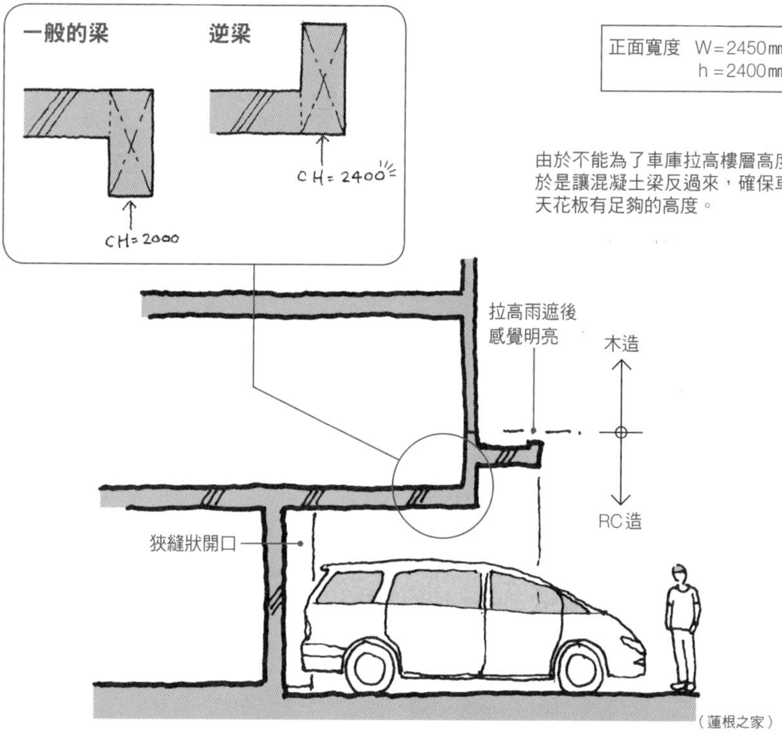
一般的梁
逆梁
CH=2000
CH=2400
拉高雨遮後
感覺明亮
木造
RC造
狹縫狀開口

正面寬度 W=2450㎜
h=2400㎜

由於不能為了車庫拉高樓層高度，於是讓混凝土梁反過來，確保車庫天花板有足夠的高度。

（蓮根之家）

第4章

維持居家整潔的秘訣

有如寄物間的玄關收納

將深 65 ㎝的玄關收納當成寄物間使用。

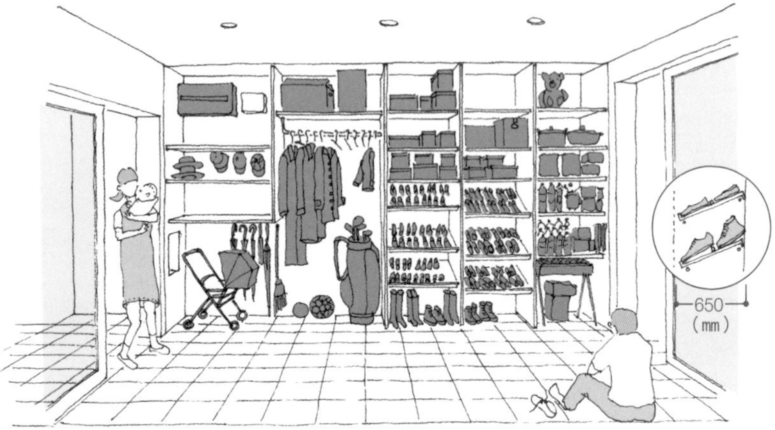
650
（mm）

種類眾多×家族人數＝……
數量龐大且大小不一

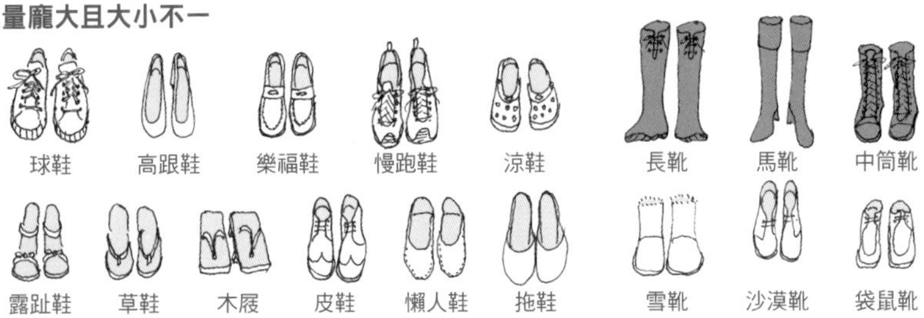
球鞋
高跟鞋
樂福鞋
慢跑鞋
涼鞋
長靴
馬靴
中筒靴
露趾鞋
草鞋
木屐
皮鞋
懶人鞋
拖鞋
雪靴
沙漠靴
袋鼠靴

不只是鞋櫃的玄關收納

日本人擁有許多廚具和餐具一事眾所周知，但其實鞋子的種類之多也是不遑多讓。除了全家平時所穿的鞋子外，像是被雨淋溼的外套、嬰兒車、高爾夫球袋等等，這些全都是讓人不想帶進屋內的物品。

基於以上的需求，讓玄關收納兼具鞋櫃與類似寄物間的功能，想必將成為今後必然的趨勢。

〔MEMO〕entrance cloakroom、shoes in closet、shoes closet、shoes cloakroom、土間收納……有各種稱呼方式。

與玄關土間相連的入口寄物間

讓玄關土間保有一定的寬敞度，在旁邊設置玄關收納。若能保留2個方向的出入口則更為理想。

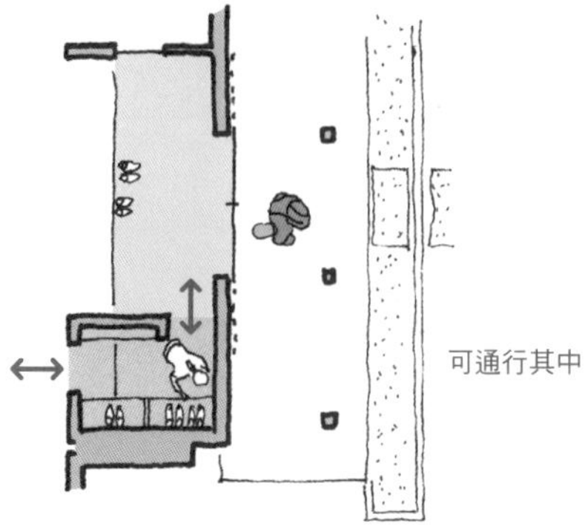
可通行其中

（大井松田之家）

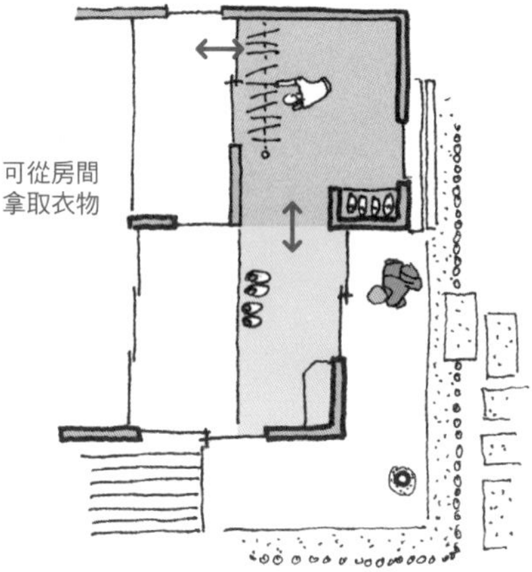
可從房間
拿取衣物

（上尾之家）

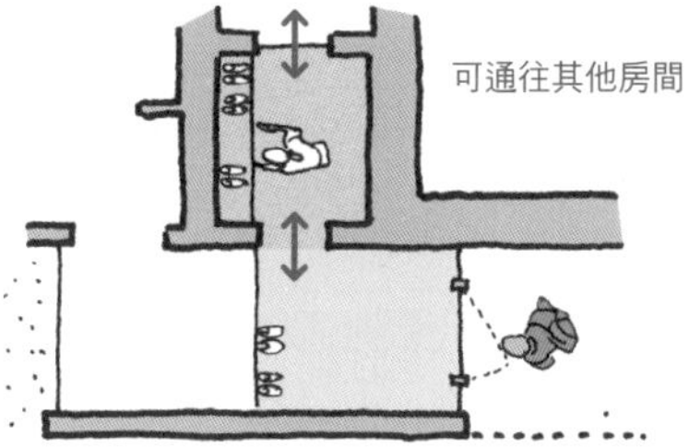
可通往其他房間

（鶴島之家）

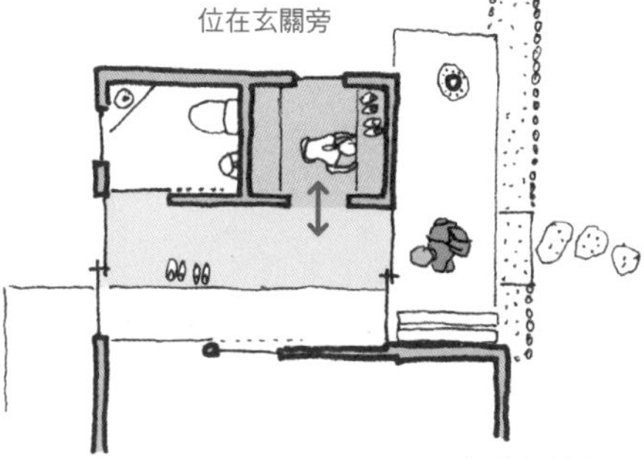
位在玄關旁

（下總中山之家）

玄關上的收納空間

若是以收納衣物為主要目的而非鞋子，有時也會將玄關收納設在室內地板的延長線上。

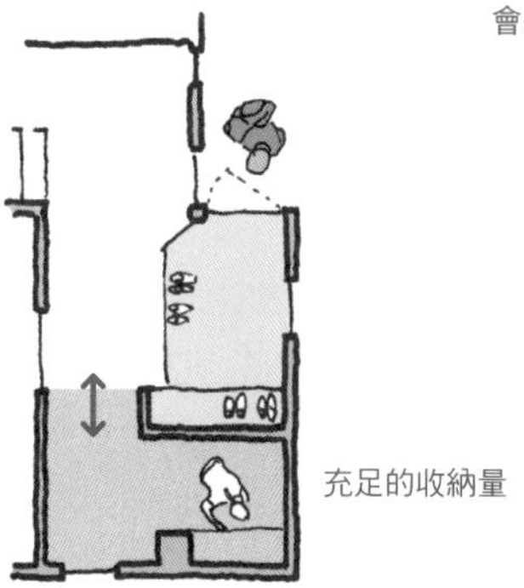
充足的收納量

（六角橋之家）

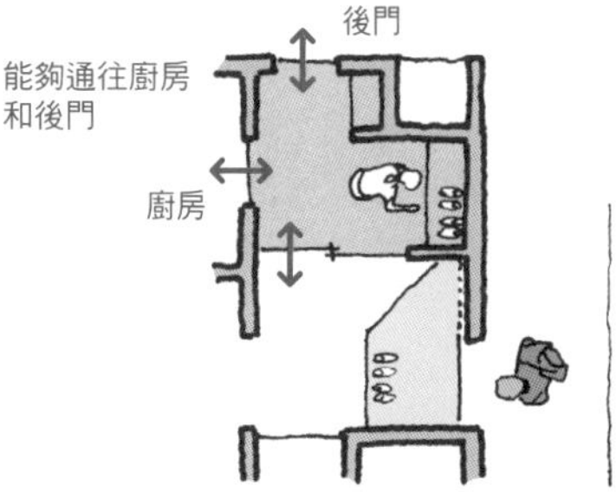
後門
能夠通往廚房
和後門
廚房

（聖蹟櫻丘之家）

重點是將食品庫可視化

隨著防災意識高漲，原本象徵和平與糧食富饒的食品庫，也必須在天災降臨時肩負起讓人們飲食無缺的重責大任。儲備糧食不能只是一味地囤積，必須放在看得見的地方，讓人能夠隨時留意保存期限，汰舊換新。為此，食品庫要盡量設置在迴游動線（沒有盡頭）上，並且也要注意通風和採光。

食品＋防災工具＝儲備倉庫

儲備糧食也有保存期限，
請務必使用完畢再行添購。

樓梯下方的食品庫

有效利用樓梯下方的空間，
並可透過後門通往戶外。

在樓梯平台下設置抽屜

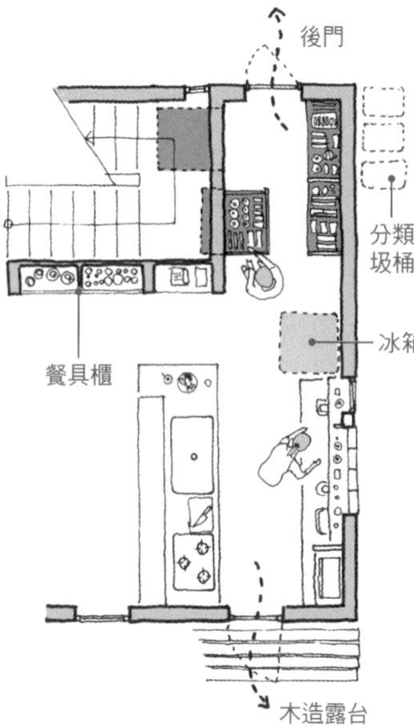
後門
分類垃圾桶
冰箱
餐具櫃
木造露台

（鶴島之家）

兩面皆可使用的食品庫

不僅從餐廳或廚房皆可使用，同時也具備餐具櫃的功能；開放式的上方則可確保通風與採光。

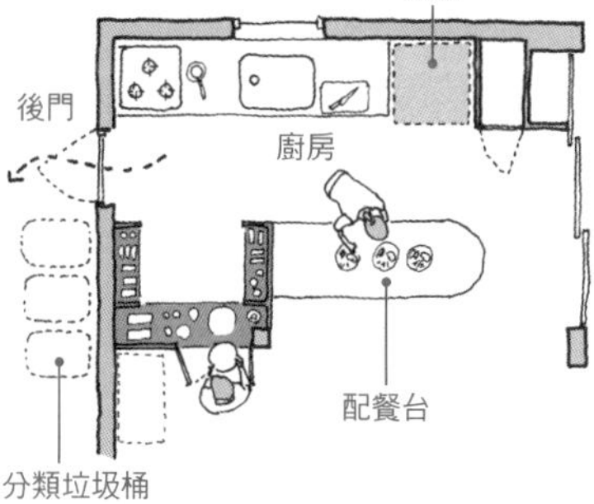
冰箱
後門
廚房
配餐台
分類垃圾桶

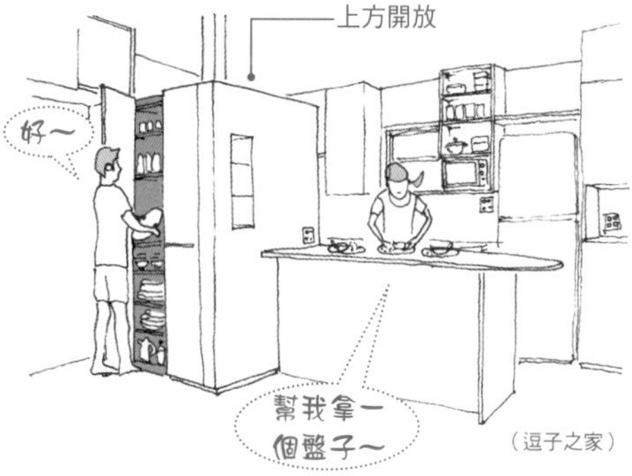
上方開放
好～
幫我拿一個盤子～

（逗子之家）

走廊式食品庫

位於通往儲藏室和後門的動線上，也就是形同設置在走廊上。

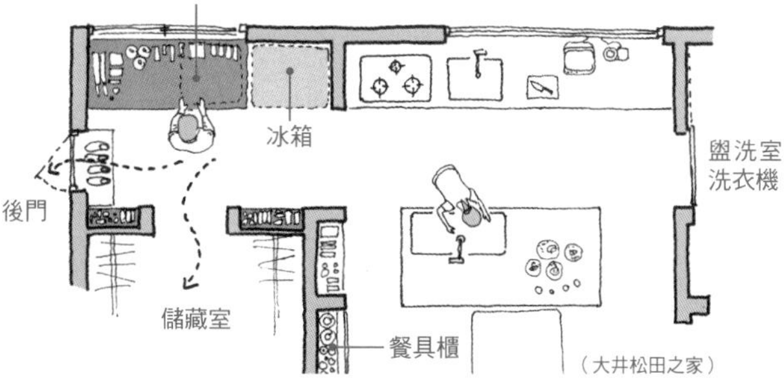
工作台下是冷凍櫃
冰箱
盥洗室
洗衣機
後門
儲藏室
餐具櫃

（大井松田之家）

衣櫥也要注重通風和採光

不同於以往，現在許多人的家裡都有衣帽間，可是一旦不小心設計錯誤，衣帽間就會變得昏暗又難以拿取深處的物品；再加上為了避免衣物遭到蟲蛀，衣帽間必須盡量通風，並保有最低限度的採光。

至於衣帽間的位置要設在臥室後方或前方，則可考量生活方式及格局的特性，嘗試賦予衣帽間另外一項功能。

不要讓衣帽間成為難以攻陷的「衣物塚」……

喂，你在哪裡！
我現在就把你挖出來！

前室型

設置「可通行」的衣櫥作為進入臥室之前的前室，以及前往私人空間的緩衝帶

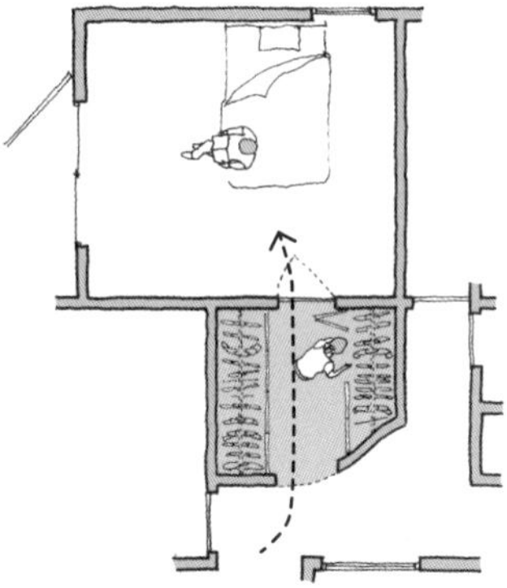

（鶴島之家）

上方開放的
設計可確保
通風與採光

燈籠型

由木格柵和半透明材質構成，
燈籠般的設計溫柔點亮寧靜的臥室

上方開放

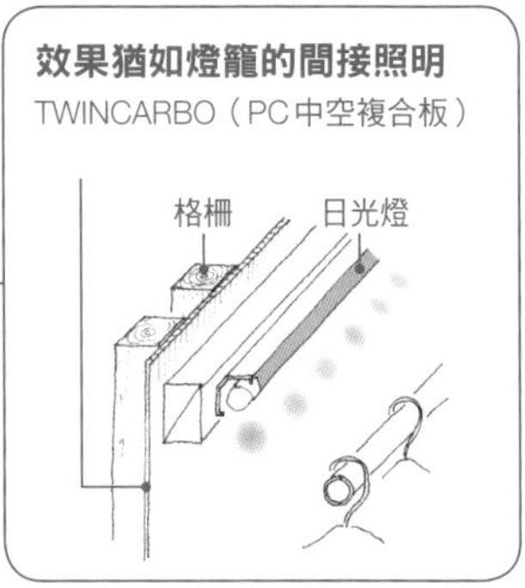
效果猶如燈籠的間接照明
TWINCARBO（PC中空複合板）
格柵
日光燈

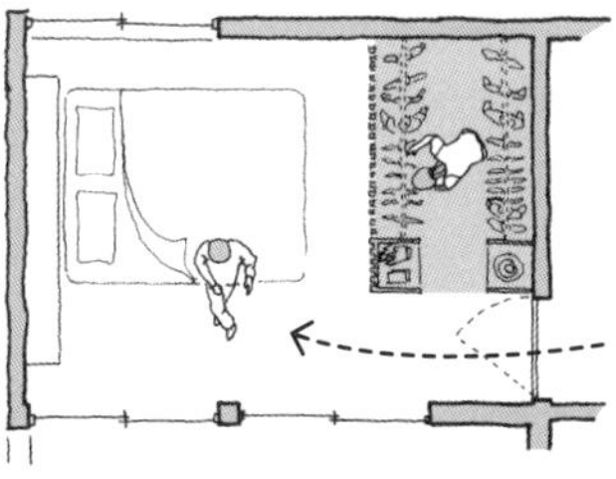

（久我山之家）

以長度決勝負的牆面收納

讓收納浮在空中，在下方設置通風、採光用的窗戶。一開門就能清楚看見東西的擺放位置，自然也不會忘記自己放了什麼在裡面。

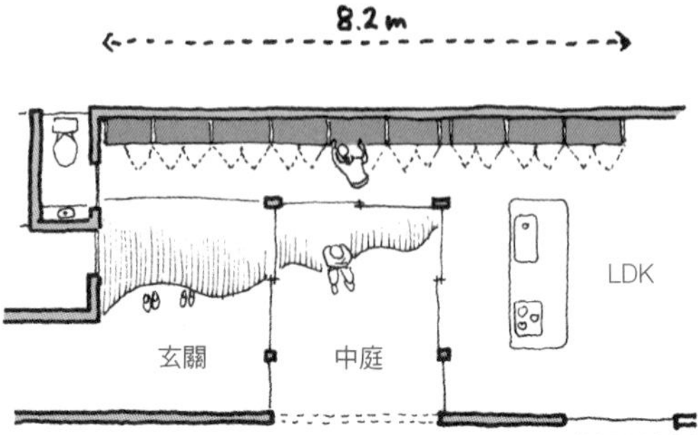

（檢見川之家）

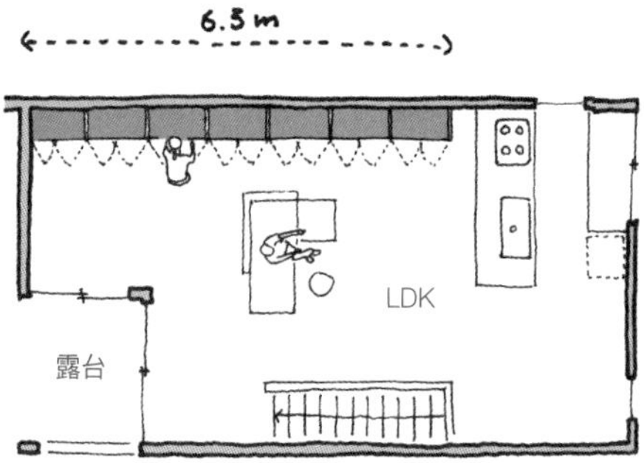

（鵠沼海岸之家）

聰明運用大容量的牆面收納

住宅中，有許多物品只要大約45㎝的深度就能收納起來，因此非常適合採取牆面收納的方式。這時，為了不讓大量的收納牆面帶來壓迫感，必須設法讓收納離開地板、保持地板的寬敞度，藉此營造出房間的寬敞感；另外，選擇表面平滑的收納門，使其「如牆壁一般」相連，也能有效消除巨大的存在感。

從玄關到LDK共8.2m

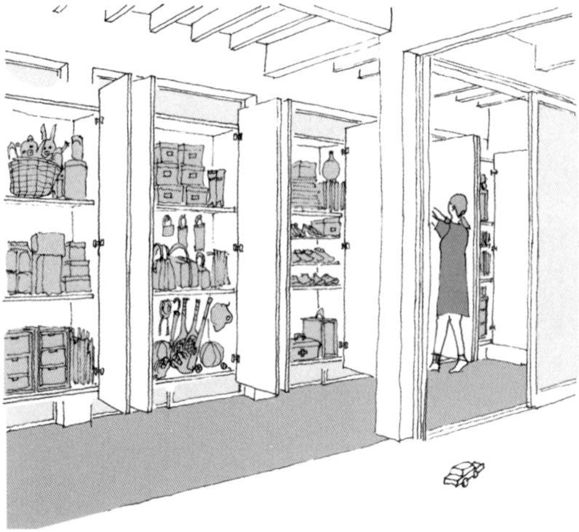

（檢見川之家）

位於玄關到LDK的走廊上，由於面對中庭，因此能夠懷著愉悅的心情收拾整理。

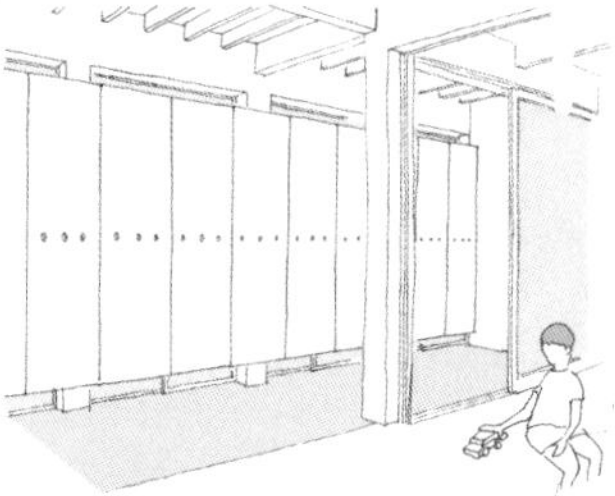

LDK的6.3m

（鵠沼海岸之家）

除了臥室裡的衣櫥和壁櫥外，LDK也需要收納空間，收藏許多平時忽然想要使用的物品。

盥洗室裡的拉門

僅需移動一扇拉門就能美化外觀。這樣的設計不僅能帶給訪客美好的印象，更能在日常生活中為自己轉換心情。

分電盤
牙刷
牙膏
乳液
化妝水
面紙
清潔劑
肥皂…

左邊是平時想要隱藏的物品

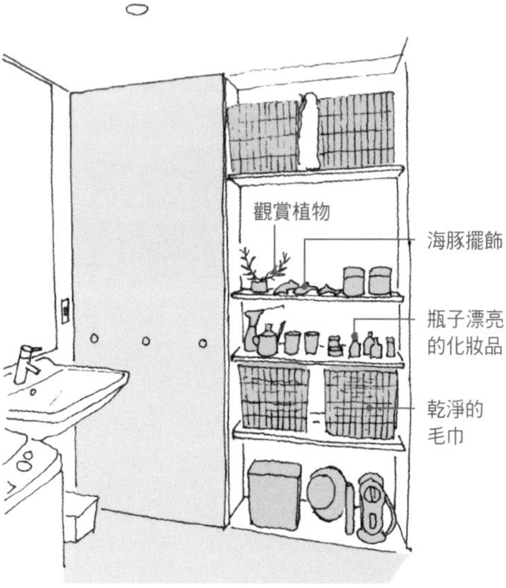
觀賞植物
海豚擺飾
瓶子漂亮
的化妝品
乾淨的
毛巾

右邊是展示收納，擺放美觀的擺飾等

（鵠沼海岸之家）

一扇拉門搞定衛浴間收納

每天都會使用的東西當然是擺著不收最方便，但是偶爾也是會有想要遮掩一下的時候。例如有人來訪或想要轉換一下心情時，最好還是不要讓生活用品顯露出來，尤其像衛浴間這類充滿生活感的地方，其實只需要一扇拉門就能瞬間隱藏雜亂的景象；若能進一步設置成擺飾櫃，更能讓人從生活中感受悠然的情趣。

廁所裡的拉門

雖然有足夠的空間可以收納想要隱藏的物品，卻刻意用雜誌架來營造悠閒感。

可以展示的物品

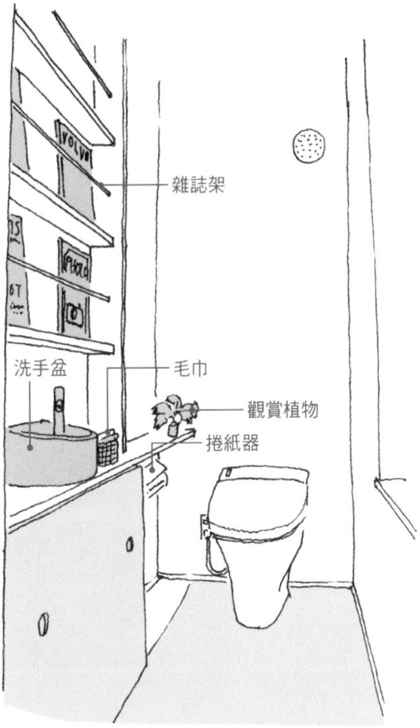
雜誌架
洗手盆
毛巾
觀賞植物
捲紙器

想要隱藏的物品

管線
掃除用具
衛生紙

無論在家中哪個角落，都能將於該處使用的物品就地收納是最理想的。

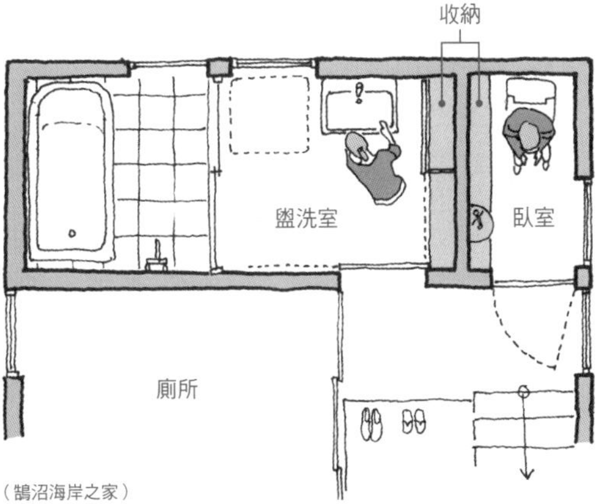
收納
盥洗室
臥室
廁所

（鵠沼海岸之家）

1樓LDK旁的3坪空間

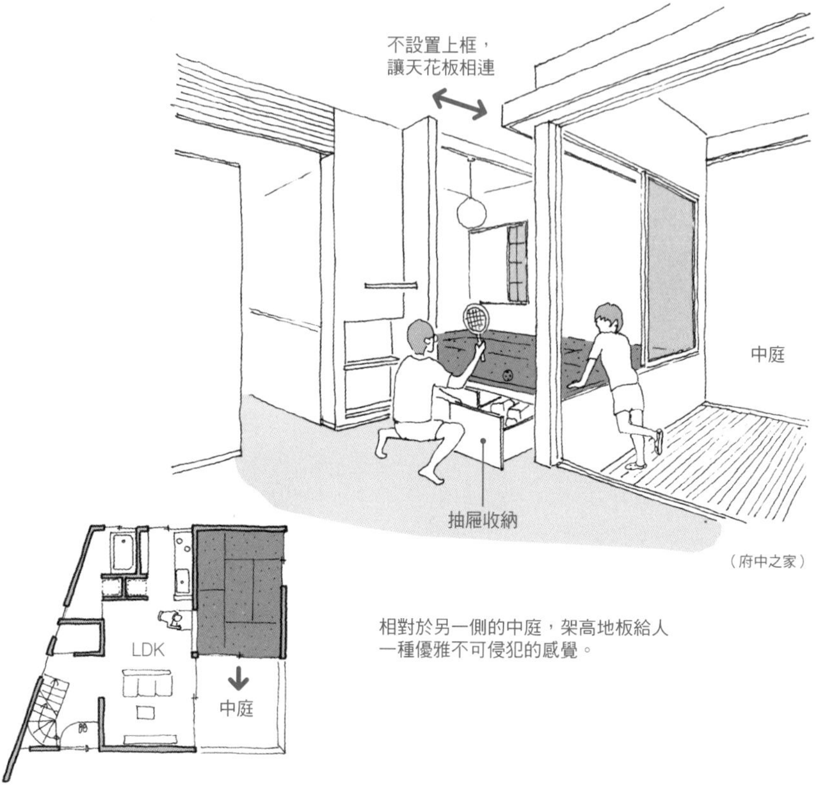

（府中之家）

相對於另一側的中庭，架高地板給人一種優雅不可侵犯的感覺。

隨架高地板產生的抽屜收納

即便只有1坪或1.5坪也無所謂，希望擁有一間可坐可躺的榻榻米房，是許多人心中的夢想。只不過，榻榻米房如果沒有架高地板、稍加佈置，一不小心就會變成寒酸的「礦工宿舍」；此外還有一點不能忘記的，就是在架高地板下方設置抽屜收納。抽屜收納的收納力強，不僅擺放物品一目了然，取用起來也相當方便，堪稱是收納空間稍嫌不足的LDK的得力助手。

2樓LDK旁約1.4坪的空間

迴游性的設計讓架高地板沒有盡頭，
可直接通往木造露台。

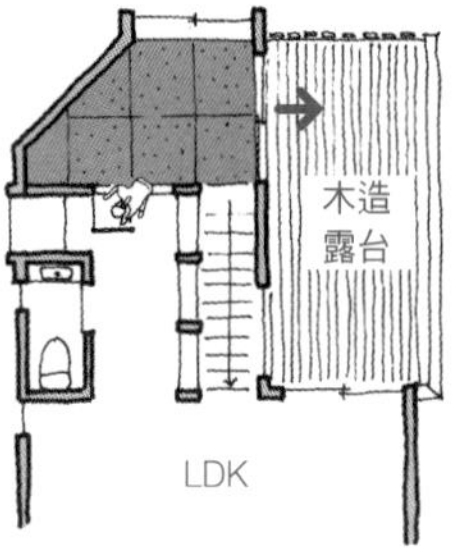
木造
露台
LDK

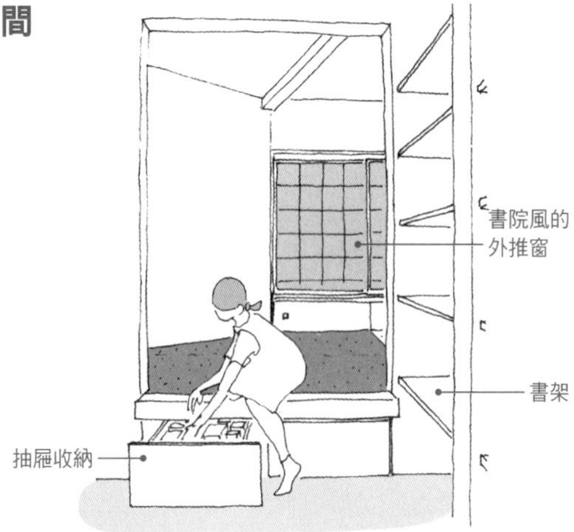
書院風的
外推窗
書架
抽屜收納

（國分寺之家）

1樓LDK旁的1坪空間

榻榻米部分雖然只有1坪，不過周圍可利用板子自由調整大小。這個架高地板位於LDK一隅，而非獨立的房間。

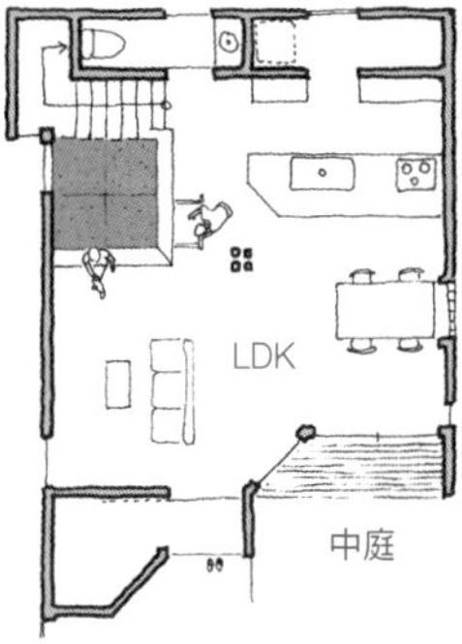
LDK
中庭

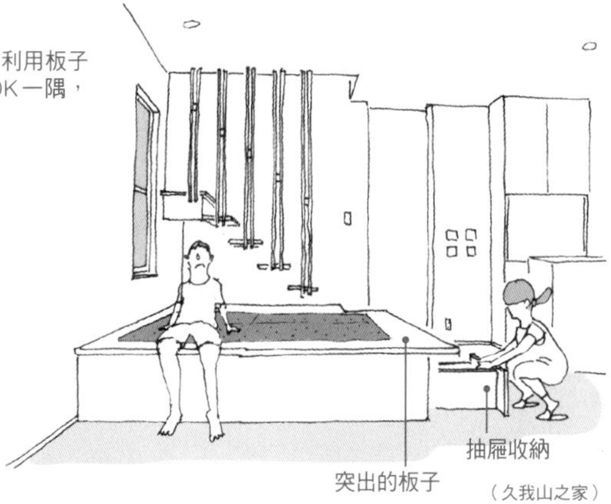
抽屜收納
突出的板子

（久我山之家）

2樓LDK旁的1.5坪空間

可用來幫孩子換尿布、讓孩子午睡的架高地板。

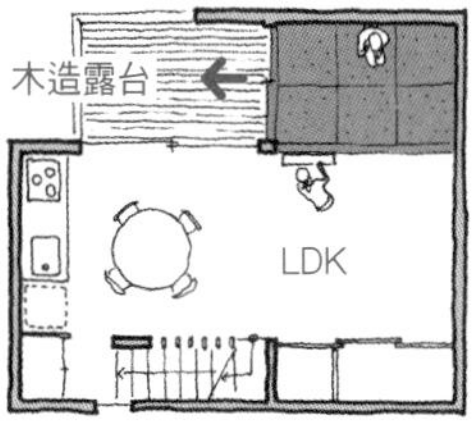
木造露台
LDK

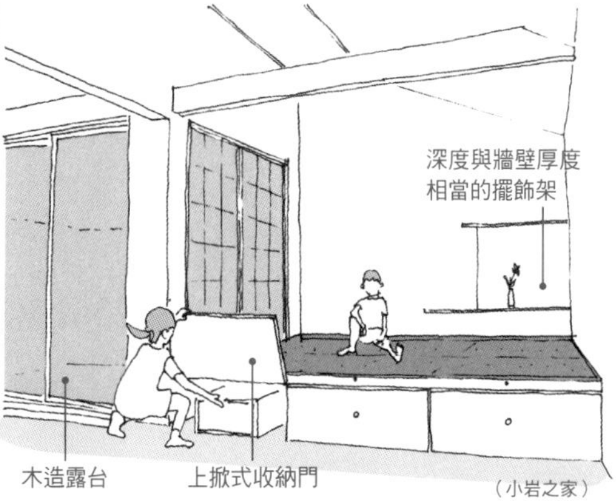
深度與牆壁厚度
相當的擺飾架
木造露台
上掀式收納門

（小岩之家）

捨棄他人偏好的書架（箱子）

設計師喜歡的書架
重視正方形（Cube）之美。

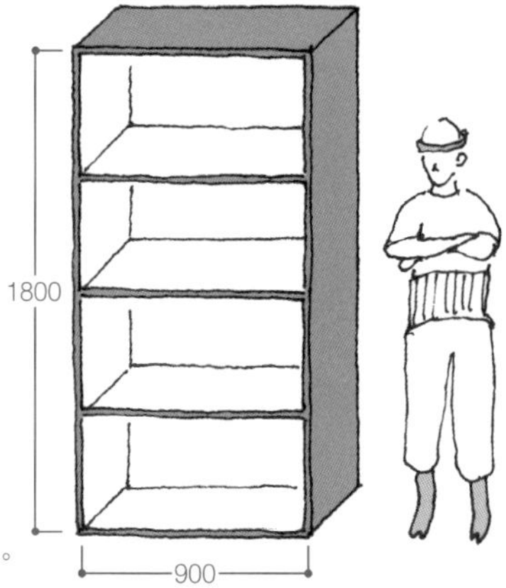

木工喜歡的書架
基本尺寸900×1800㎜，
成品率高，不會浪費材料。

鬼腳圖般的書架

將書架設計得像圖書館或書店那般方正不苟，容易讓住家的氣氛顯得死板僵硬。既然都要訂製書架了，不如忘了方方正正的「箱子」，試著賦予書架鬼腳圖般柔和的動感吧。配合書本、收藏品等種類繁多的擺放物品，巧妙地結合高度、深度不一的層架，讓書架成為美麗實用又生氣蓬勃的一種擺設。

書架的造型由內容物決定！

(單位：mm)

橫向延伸的書架

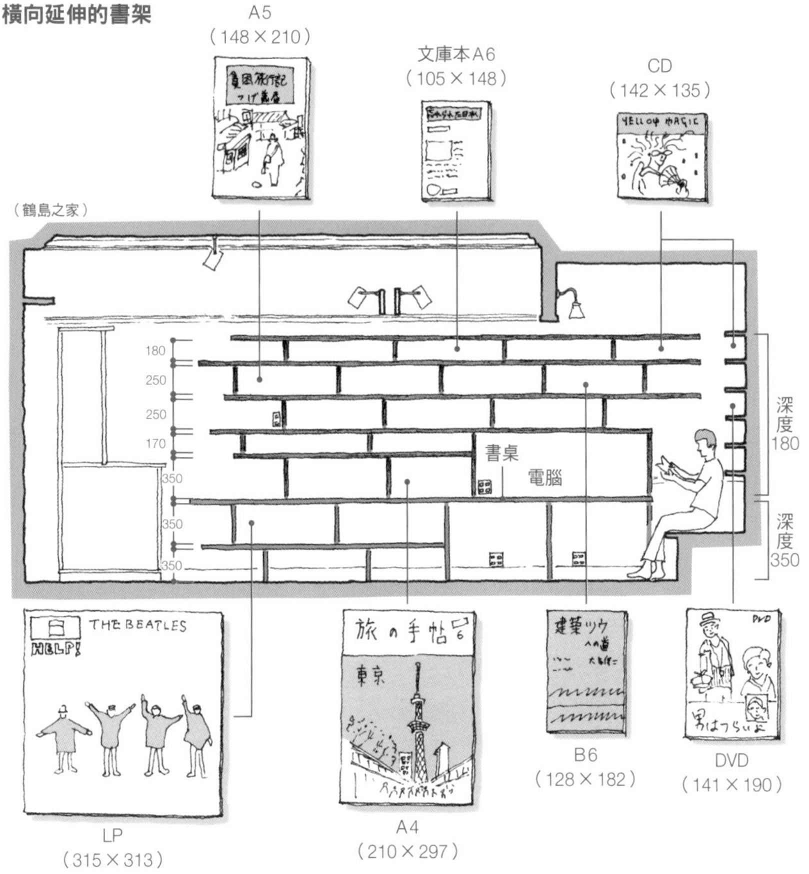

A5
（148×210）
文庫本A6
（105×148）
CD
（142×135）
（鶴島之家）
180
250
250
170
350
350
350
書桌
電腦
深度180
深度350
THE BEATLES
HELP!
旅の手帖
東京
LP
（315×313）
A4
（210×297）
B6
（128×182）
DVD
（141×190）

縱向延伸的書架

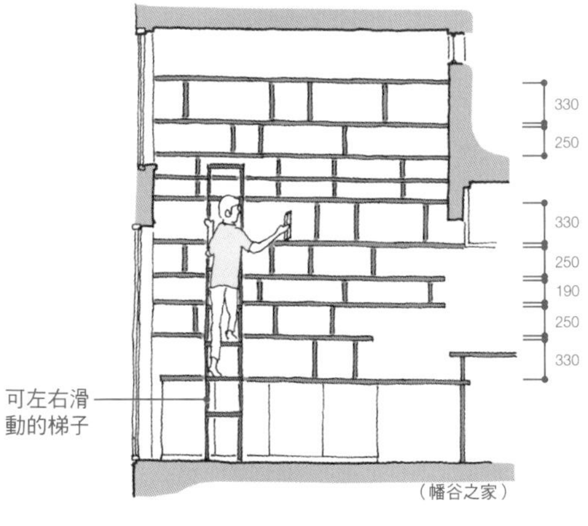

330
250
330
250
190
250
330
可左右滑動的梯子
（幡谷之家）

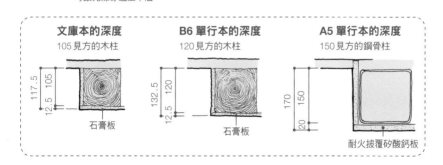

小書本最適合放在樓梯旁！

(單位：mm)

延長樓梯踏板的書架

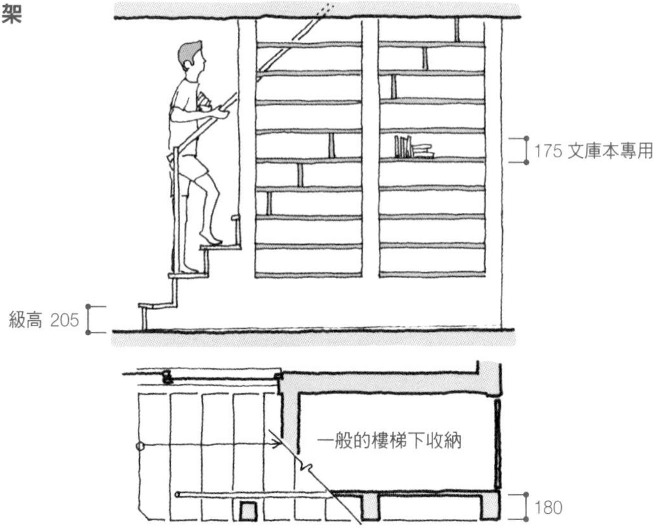
175 文庫本專用
級高 205
一般的樓梯下收納
180

（國分寺之家）

最大可放到 A5 的鋼骨書架

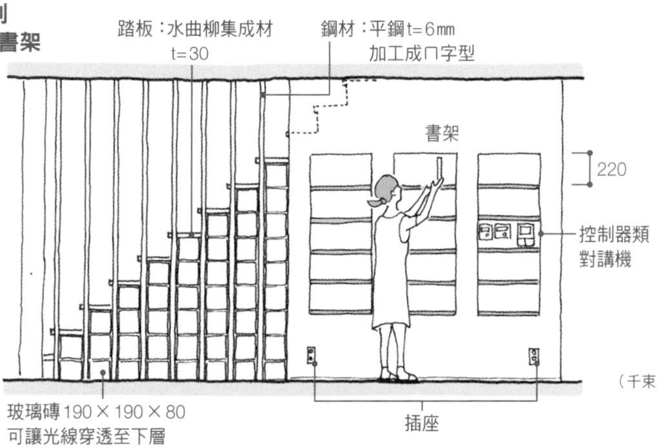
踏板：水曲柳集成材
t=30
鋼材：平鋼t=6㎜
加工成ㄇ字型
書架
220
控制器類
對講機
玻璃磚190×190×80
可讓光線穿透至下層
插座

（千束之家）

文庫本的深度

105見方的木柱

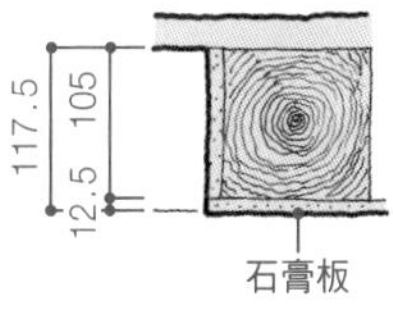
117.5
105
12.5
石膏板

B6 單行本的深度

120見方的木柱

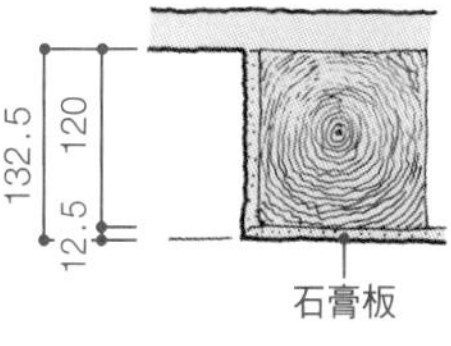
132.5
120
12.5
石膏板

A5 單行本的深度

150見方的鋼骨柱

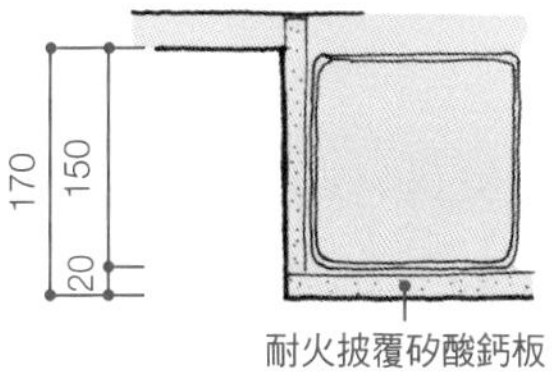
170
150
20
耐火披覆矽酸鈣板

第5章

細部的講究之道

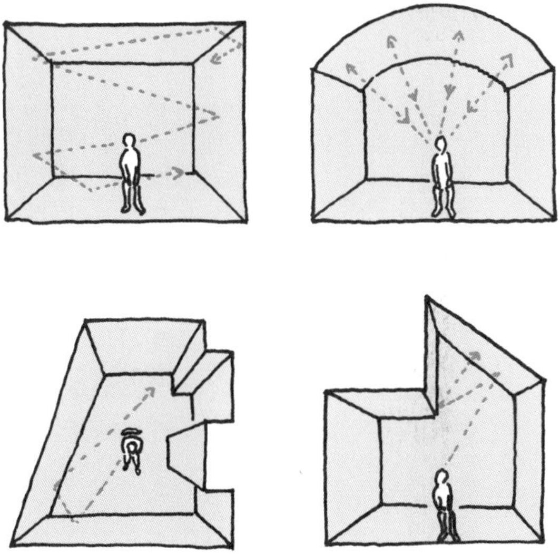

玄關框的高低代表著住家的風格

風格可自由選擇。

正式　Formal

坐著時能與訪客視線相交的高度

非正式　Casual

高度與樓梯的級高相當

功能性　Functional

方便輪椅移動的高度

利用玄關框美化住家的門面

在日本，人們為了加強地板下的通風，一直以來都會加高地板與玄關之間的玄關框，不過現代人除了會在地板下鋪混凝土，對地板下方全面實施通風之外，假使通道有足夠的空間，也會視需求自由改變玄關框的高度。玄關框堪稱是如實展現各住宅設計概念的部分。設置之前，務必要審慎判斷自己是重視風格的呈現，抑或希望以功能性為優先。

正式 Formal

(單位：mm)

傳統可就座的高度

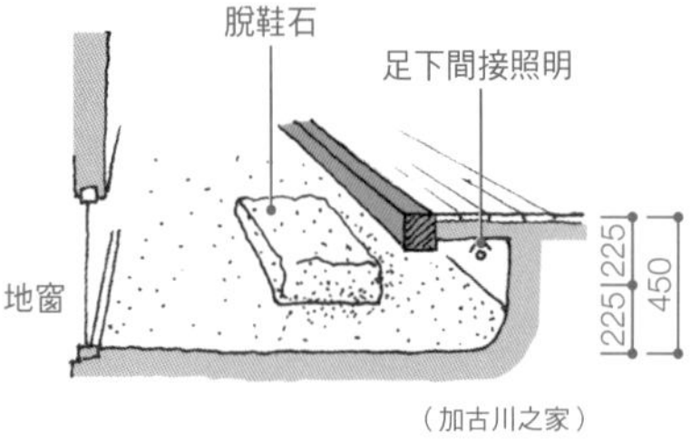
脫鞋石
足下間接照明
地窗
225
225
450
（加古川之家）

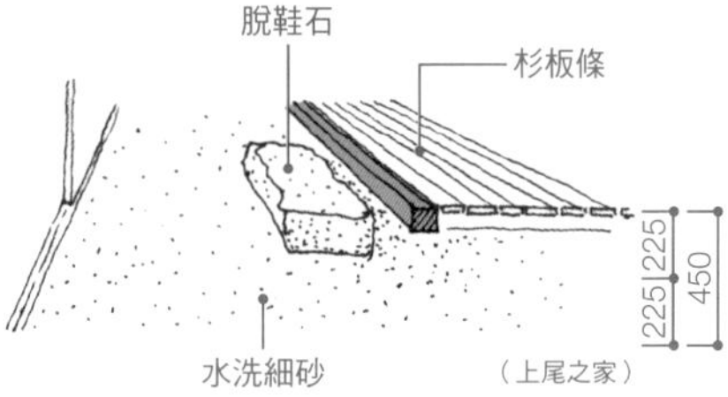
脫鞋石
杉板條
225
225
450
水洗細砂
（上尾之家）

重點在於脫鞋石和鋪板的設置方式

非正式 Casual

與土間相近的高度

高度與樓梯的級高相當

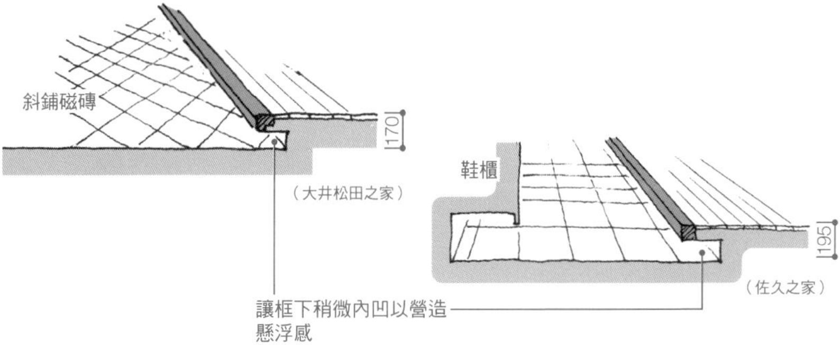
斜鋪磁磚
170
（大井松田之家）
鞋櫃
195
（佐久之家）
讓框下稍微內凹以營造
懸浮感

功能性 Functional

輪椅也能越過的高度

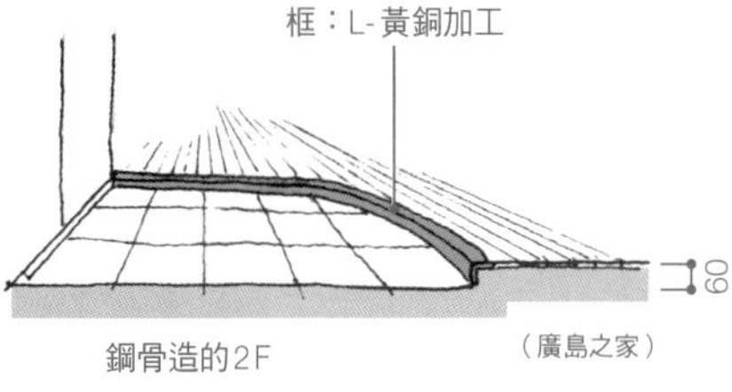
框：L-黃銅加工
60
鋼骨造的2F
（廣島之家）

狹小地與建築高度致使玄關框低矮

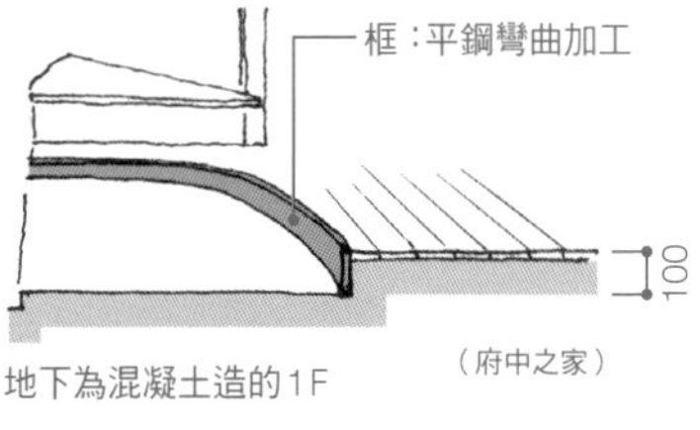
框：平鋼彎曲加工
100
地下為混凝土造的1F
（府中之家）

強韌的金屬框也能塑造出優美的曲線

拉門是生命中不可承受之輕

何謂設計？空間的本質又是什麼？這裡不是商業建築，而是一般住家，
是時候讓過去那種過度裝飾的門引退了……。

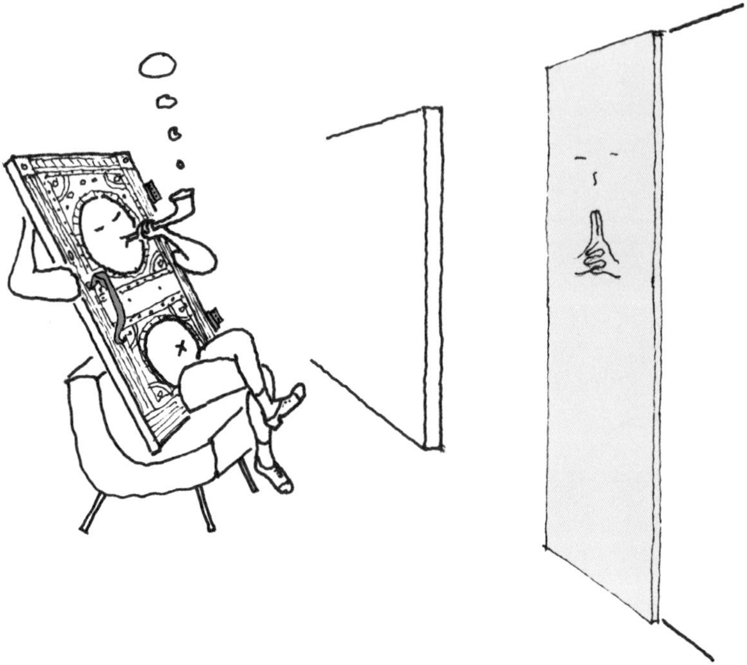

拉門要在開啟時才會發揮價值

拉門曾一度被嫌棄過於老派，然而隨著西式推開門的人氣不再，拉門又再度受到人們重視。至於拉門之所以受到好評，恐怕是因為拉門的開啟方式較為委婉，又擅長隱藏自身的存在感，換句話說，拉門唯有在「開啟時」才會發揮其真正價值。現今的拉門不僅沒有了門檻，為住家創造出無障礙空間，就連上框也消失無蹤，逐漸朝1道會動的牆壁不斷進化。

拉門也有各種款式

上框、懸吊五金

一般的拉門。沒有V型軌的懸吊式雖然有固定座，但是被小孩撞到時仍有破損之虞。

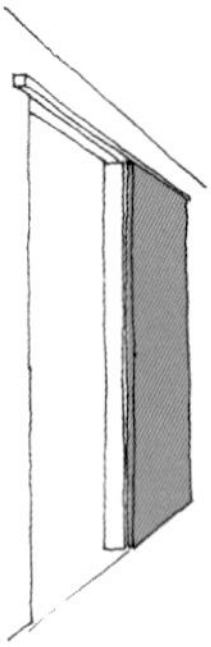

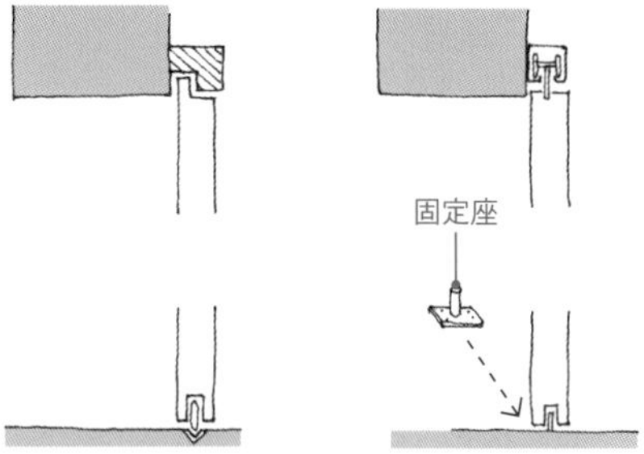

上框＋V型軌　　懸吊五金（無V型軌）

內嵌五金
＋V型軌

沒有上框，看起來就只有一片門板。

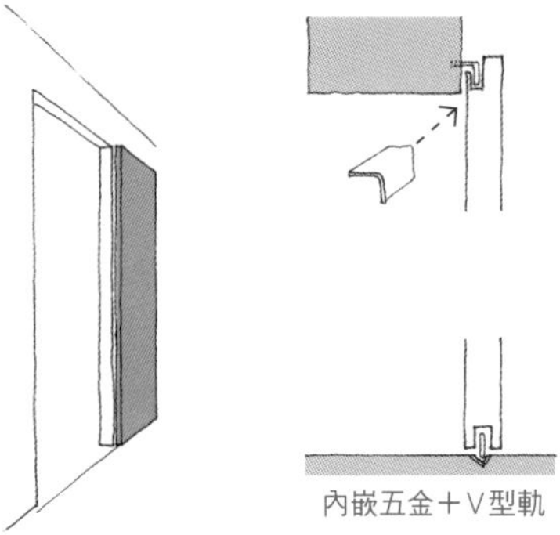

內嵌五金＋V型軌

溝槽、L型溝緣
＋V型軌

頂天式的設計能夠消除拉門本身的存在感，讓房間產生連貫性。

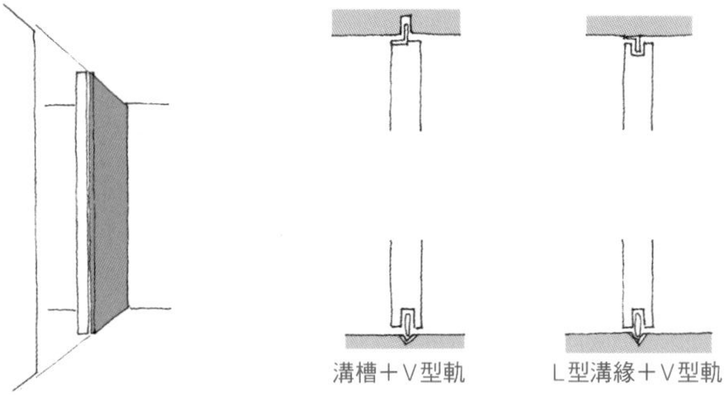

溝槽＋V型軌　　L型溝緣＋V型軌

至於紙格門…

設計重點在於突顯門檻、上框。

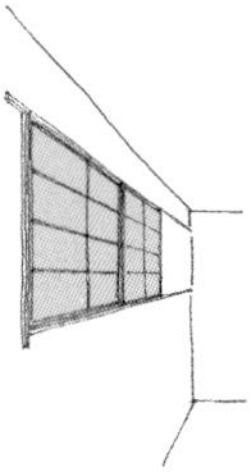

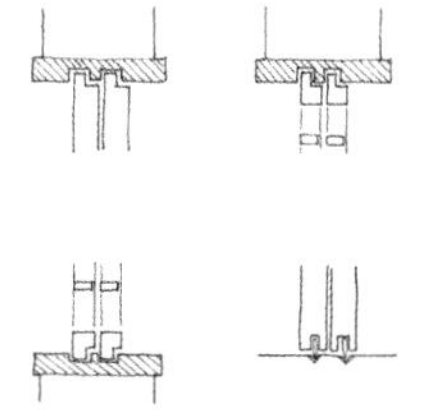

上框＋門檻　　上框＋V型軌

框的接合方式

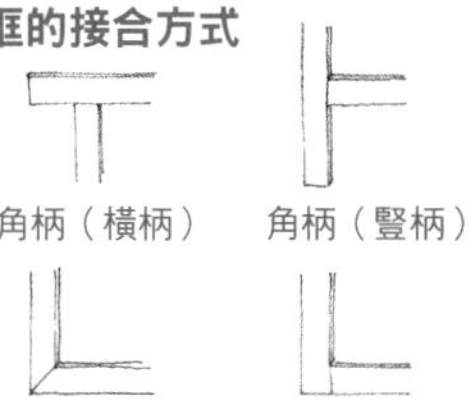

角柄（橫柄）　　角柄（豎柄）

留　　現造

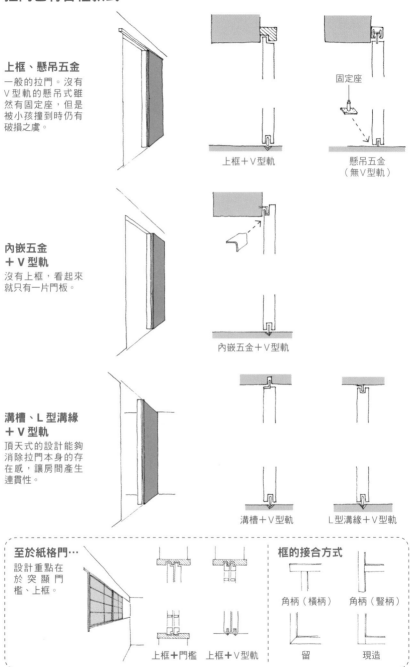

大窗戶適合加裝紙格門

大開口除了需要「遮蔽日照及隔熱」之外，也必須設法確保隱私。

因此，「窗飾產品」對大開口來說是十分重要而不可或缺的。雖然市面上有窗簾、羅馬簾、百葉窗等各種窗飾，不過您也可以試著將紙格門列入考慮。若能拋開紙格門＝日式、榻榻米房的刻板觀念，便能利用紙格門的機能性與自由的設計，大幅改變生活的氛圍。

紙格門也是窗飾產品之一

每種窗飾產品都有其優、缺點，並且擁有左右房間印象的影響力。

只有窗框

好像缺少些什麼……

窗簾

隔熱性高，但存在感過於強烈。

羅馬簾

簡潔的造型看似牆壁，但不易從上方採光。

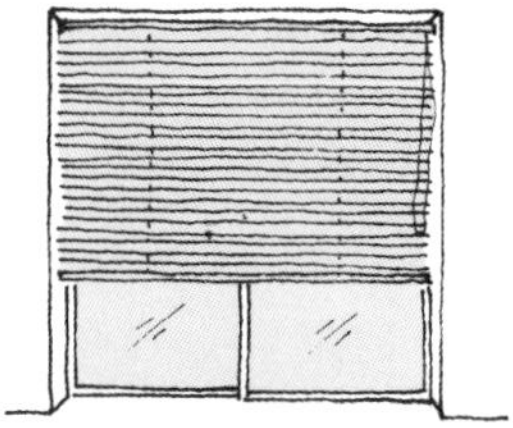

百葉窗

擅長調整光線，但容易被小孩子搗蛋弄壞。

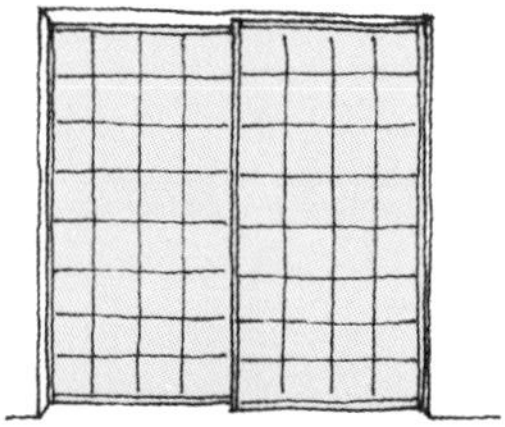

紙格門

紙格門具有某種程度的密閉性，因此隔熱效果極佳。市面上還有一種強化拉門紙，即使家中有小孩也能安心使用。

紙格門也能變化出各種時髦設計

附腰板紙格門
縱繁

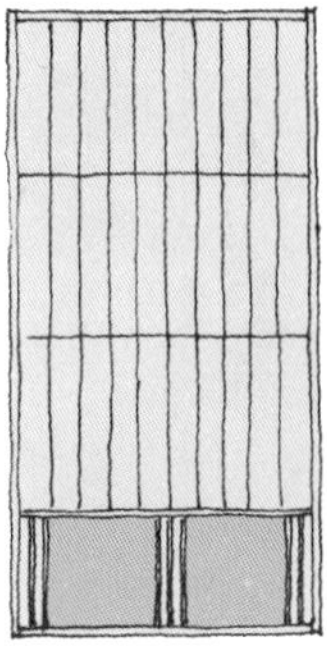

（東京旅館）

賞雪紙格門
荒間／下方裝有玻璃

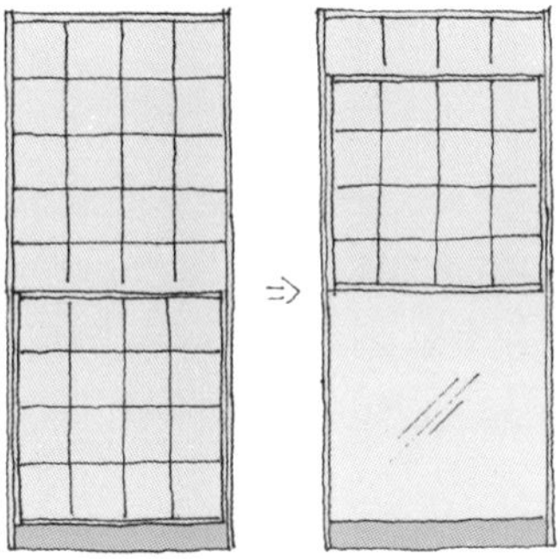

（聖蹟櫻丘之家）

太鼓貼法
荒間／隱藏木條

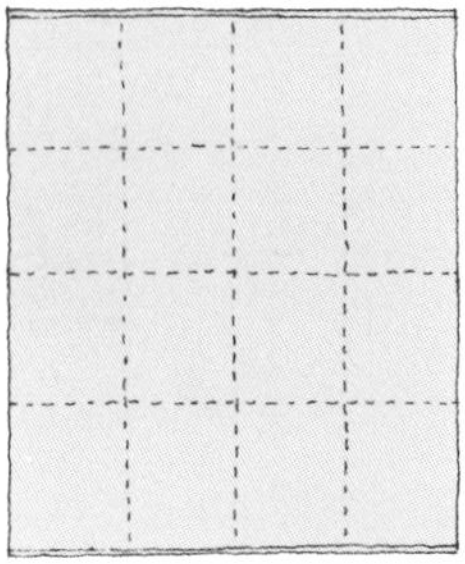

（鶴島之家）

吹寄紙格門

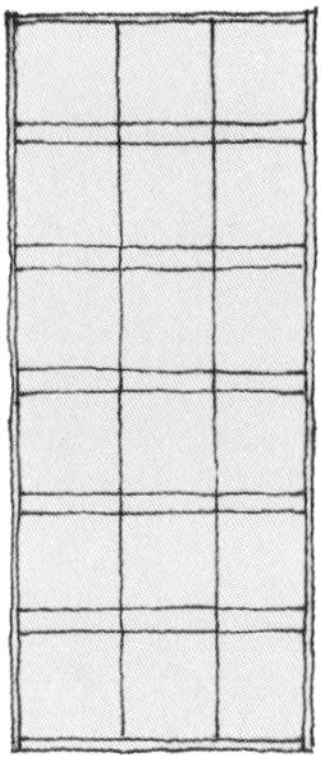

（木曾呂之家）

荒間紙格門

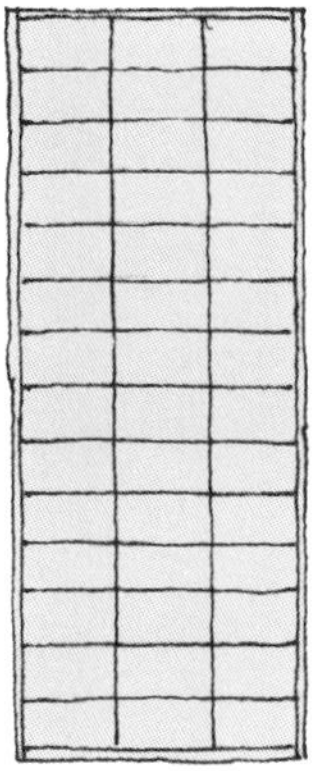

（國立之家）

Σ 窗
造型有如相機的光圈葉片

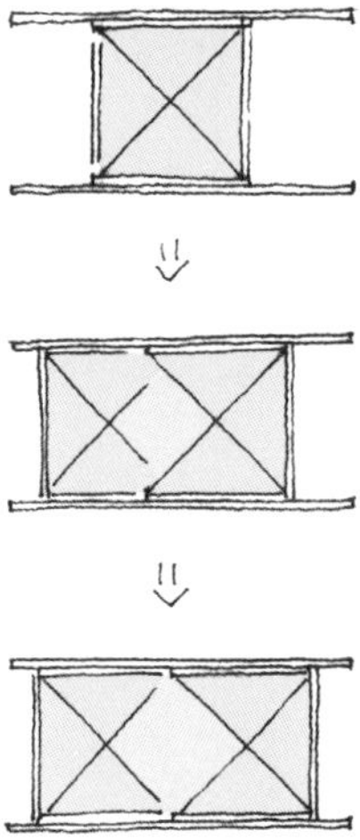

（國立之家）

裝飾紙格門
自由的圖案設計

分散

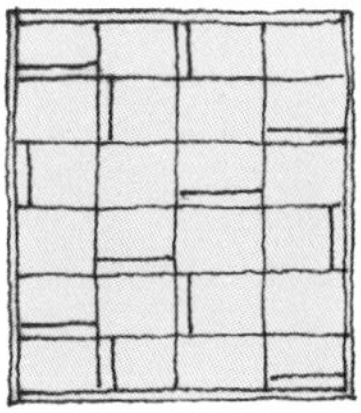

（東京旅館）

富士山

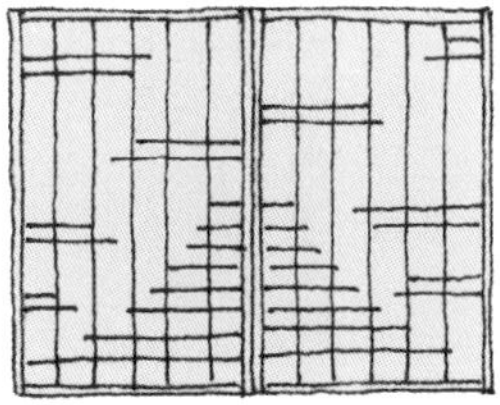

（東京旅館）

冰裂紙格門

（國立之家）

壁龕的起源傳說

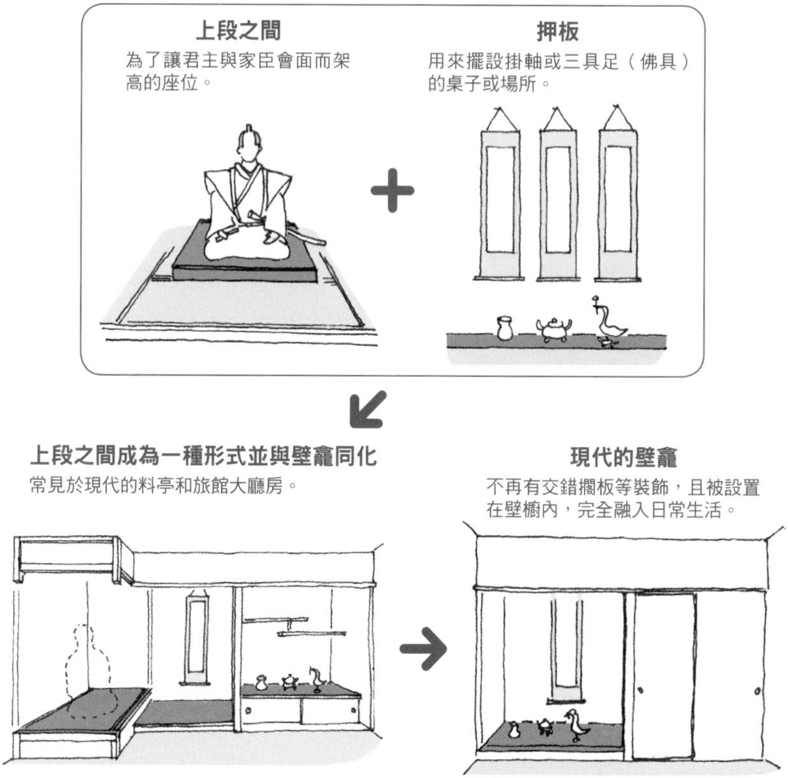
上段之間
為了讓君主與家臣會面而架高的座位。
押板
用來擺設掛軸或三具足（佛具）的桌子或場所。
上段之間成為一種形式並與壁龕同化
常見於現代的料亭和旅館大廳房。
現代的壁龕
不再有交錯擱板等裝飾，且被設置在壁櫥內，完全融入日常生活。

有深度的高雅壁龕

上段之間是君主所坐、位置比家臣高一階的榻榻米房，被視為是壁龕的起源之一，而如今人們依舊會在高雅的壁龕內鋪設榻榻米。

由於壁龕有深度，因此能夠在此打造出一個高貴優雅的靜謐世界。白天時能夠從嵌有紙格的墨跡窗[※]採光，晚上則利用柔和的間接照明，讓整個壁龕宛如燈籠般從夜色中浮現。

[※] 墨跡窗　設在壁龕側壁上的窗戶，用來採光照亮掛軸等裝飾品。

從高雅的茶室風格到時髦流行感

京間 8 疊

融合所有傳統元素的高雅壁龕。

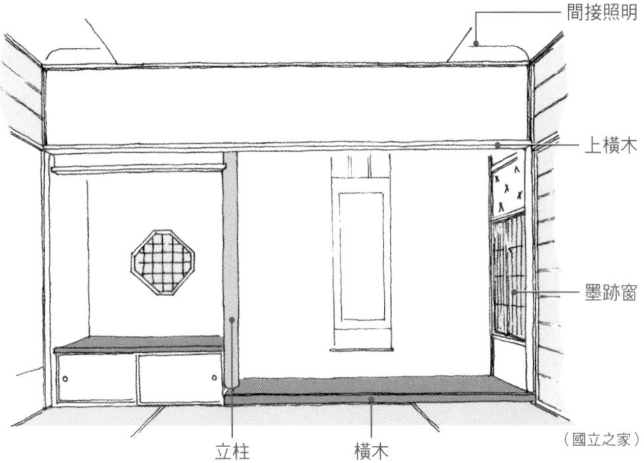
間接照明
上橫木
墨跡窗
立柱
橫木

（國立之家）

江戶間 8 疊

位於日常起居間內的壁龕，融入了空調、壁櫥等充滿生活感的物品。

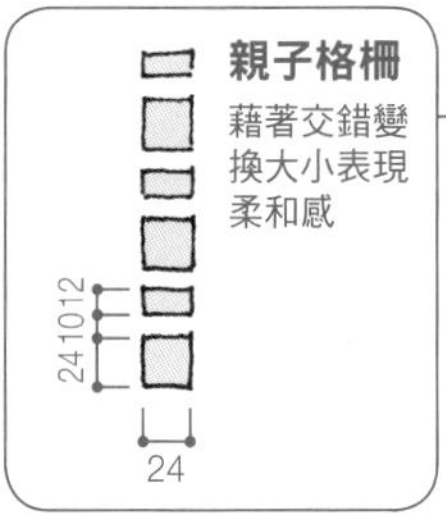
親子格柵
藉著交錯變換大小表現柔和感
24
10
12
24

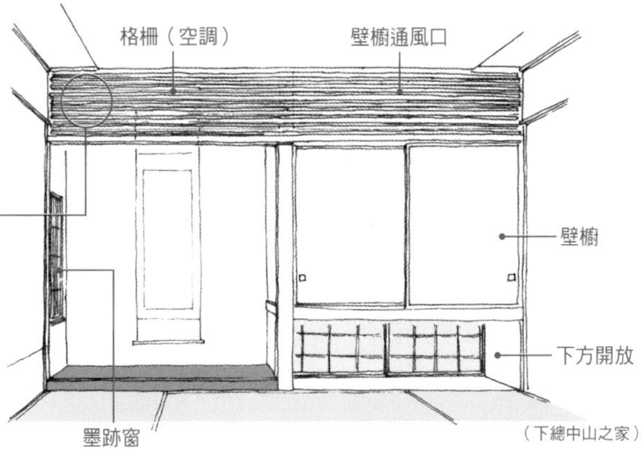
格柵（空調）
壁櫥通風口
壁櫥
下方開放
墨跡窗

（下總中山之家）

江戶間 4 疊半

利用PC板、間接照明等現代的素材、手法打造時髦的壁龕。

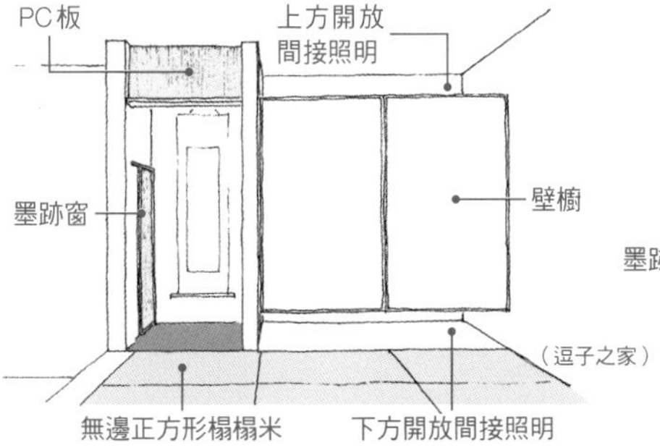
PC板
上方開放
間接照明
墨跡窗
壁櫥
無邊正方形榻榻米
下方開放間接照明

（逗子之家）

江戶間 4 疊半

壓低重心、氣氛沉穩的壁龕。

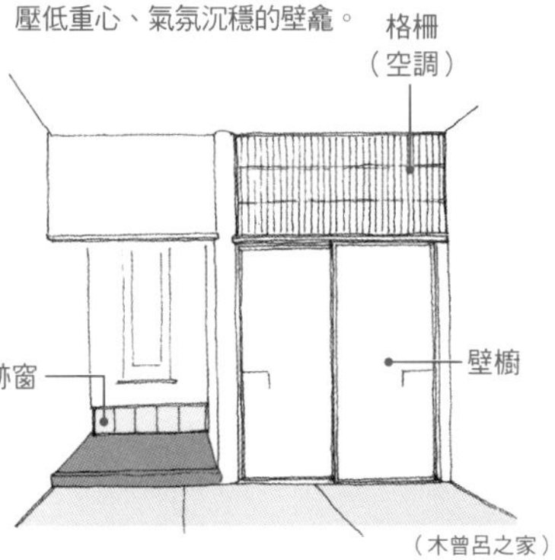
格柵
（空調）
墨跡窗
壁櫥

（木曾呂之家）

深度淺也能陳列心愛收藏

能夠隨季節或當日的心情，
自由陳列自豪的收藏品…

深度淺的寬敞壁龕

押板是與交錯擱板同時發展形成的桌板，在室町時代是擺設三具足（香爐、花瓶、燭台）或掛軸的場所，不過據說除了三具足外，從前的人們也會在此擺放珍貴的文房四寶及琵琶等。說起來，所謂的壁龕其實就是一個陳列心愛物品的收藏區。不只是掛軸，您也可以用當季的植物或照片、畫作，將壁龕佈置成充滿親切感的空間。

壁龕的深度……從48㎝到0㎝都不成問題

深度 33㎝、寬 3.7m

時髦的素材和搭配手法構成氣氛柔和的壁龕。

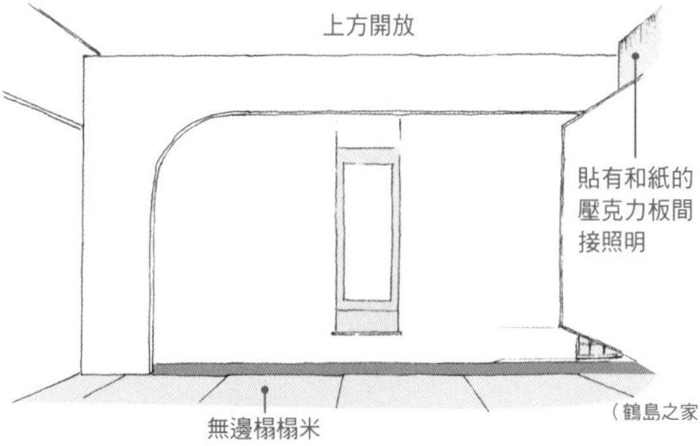
上方開放
貼有和紙的
壓克力板間
接照明
無邊榻榻米

（鶴島之家）

深度 28㎝、寬 3.5m

面對大廳房的壁龕令三幅掛軸更顯優美。

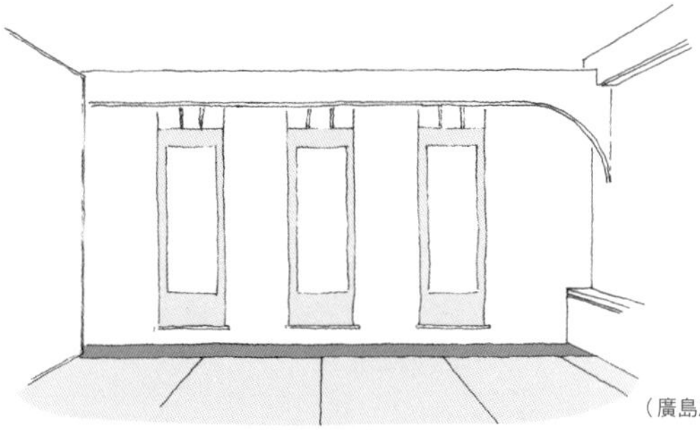

（廣島之家）

深度 48㎝、寬 1.85m

仿照銀閣寺的東求堂「同仁齋」所打造的壁龕。正確來說，比較接近書房而非壁龕。

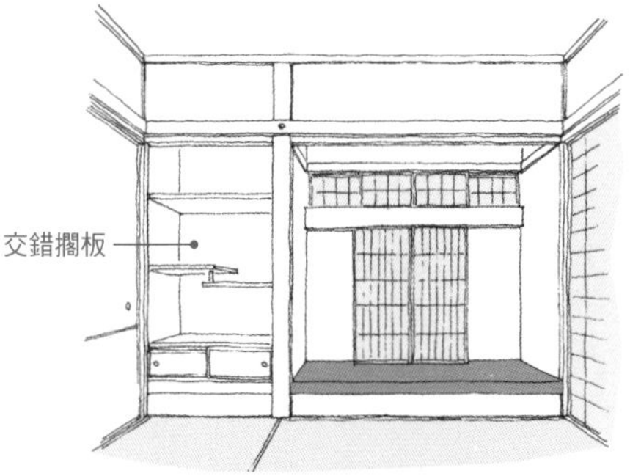
交錯擱板

（國立之家）

深度 0㎝、寬度不明

儘管深度為0，只要裝上幕板就成了名為「織部床」的壁龕。

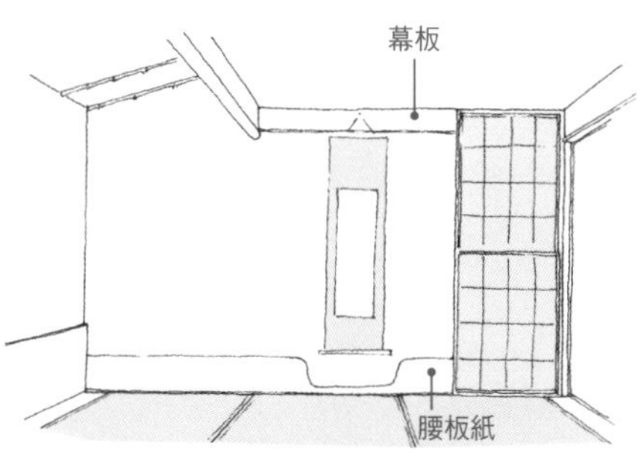
幕板
腰板紙

（淺草之家）

讓梁和地板橫木露出來也無妨

人字屋頂的斜梁

設置高側窗能夠美化骨架的外觀，讓整個空間宛如教堂般寧靜莊嚴。

（夙川之家）

不假修飾的天花板魅力十足

住家的天花板可以選擇「不鋪設表面材」，將住宅骨架的活力與規律性原封不動地展現出來。由於天花板是會被隱藏起來的部分，因此外顯的設計能展現木工師傅的手藝，不僅能拉高天花板，更有著減少建築費用的優點。至於什麼樣的照明方式能夠烘托骨架的美感，則是設計上的一大重點。

〔MEMO〕若為準耐火構造則不可讓結構材外露

HP殼[※]屋頂斜梁

形狀有如朝南邊往上掀的屋頂。冬至時，陽光會從高側窗照入房間的深處。

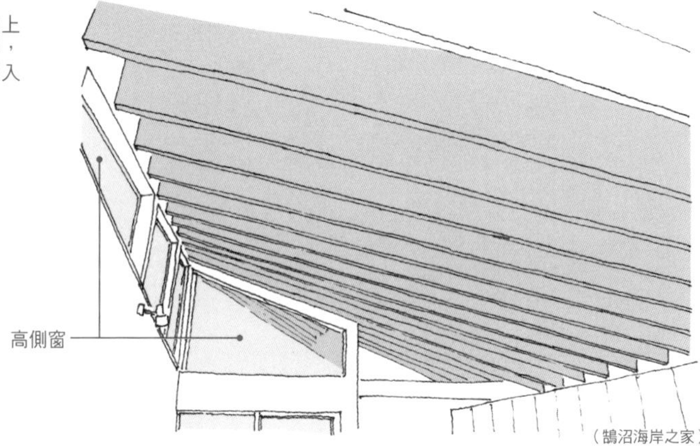

（鵠沼海岸之家）

挾梁

連續而規律地排列的挾梁展現出強韌的氣息。

（蕨之家）

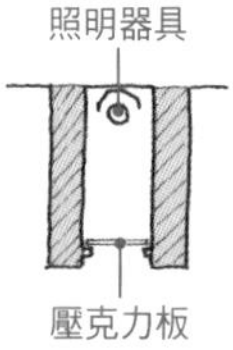

挾梁的照明

在狹梁之間裝設日光燈，再以壓克力板封住，做成設計獨特的照明器具。

2樓地板的梁與橫木

不只是屋頂，也能讓2樓地板的骨架顯露出來。

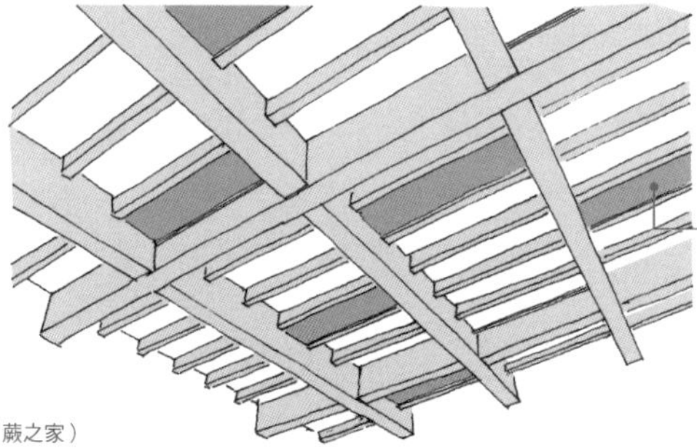

（蕨之家）

橫木之間的照明

在氣質剛強的梁與橫木之間創造不規則的光面。

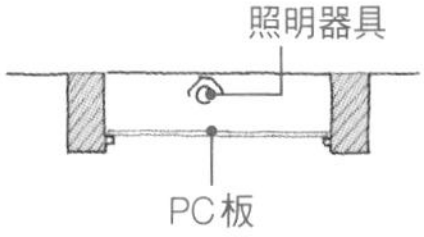

[※]Hyperbolic Paraboloid Shell：雙曲拋物面殼結構。

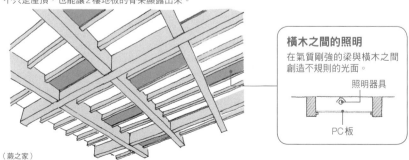

運用舊料，感受其強韌的生命力吧

角材舊料

在住家中心的LDK使用角材舊料作為梁柱。用於沒有鋪設天花板的自然空間效果更佳。

（上尾之家）

新居也能展現舊料的經年之美

舊料不只是蘊含古樸韻味的裝飾品，其強度也因為經過長時間自然乾燥而增強，能夠作為住宅的重要結構材，在嶄新落成的新居中成為散發沉穩氣息的獨特亮點。另外，即便是新料，只要將接近原木的材料以手斧刨過，一樣能夠展現舊料一般的韻味。

原木舊料

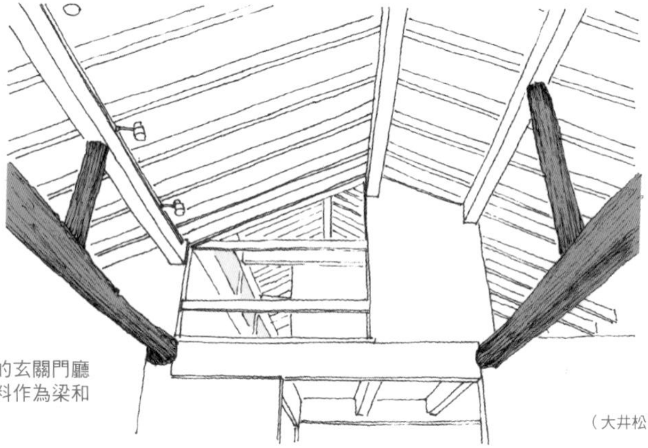

在住家門面的玄關門廳使用原木舊料作為梁和短柱。

（大井松田之家）

太鼓摺鉦新料

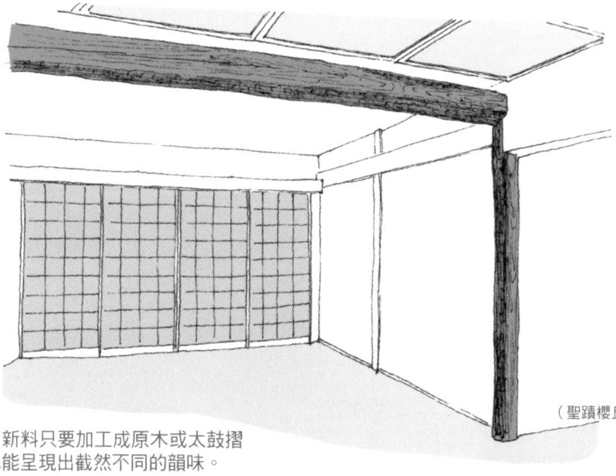

（聖蹟櫻丘之家）

不只是舊料，新料只要加工成原木或太鼓摺鉦的形式，也能呈現出截然不同的韻味。

原木

強度因斷面積大而增加，但也增加不少重量。

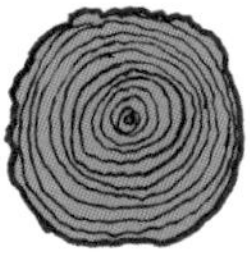

太鼓摺鉦

上下固定不變，比原木更方便木工師傅進行加工。

角材

因為可於工廠加工，所以市面上的價格相對便宜。

舊料

利用舊料特有的燻黑外觀、缺口等表現沉穩感。

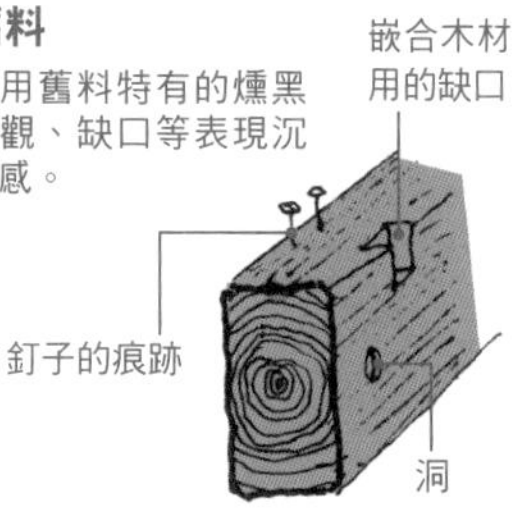

長椅是用來放鬆的裝置

公共場所的長椅一般都經過特殊設計，以防人們躺著不走，不過回頭想想，長椅似乎真有一股令人不由得想要躺下的魔力。教導孩子端端正正地坐在椅子上吃飯，是教育中十分重要的一環，但是用完餐之後人們總是立刻就離開椅子。相較於令人感到拘束的椅子，長椅的「輕鬆自在」或許正是它吸引人的魅力所在。

無～拘無束的長椅

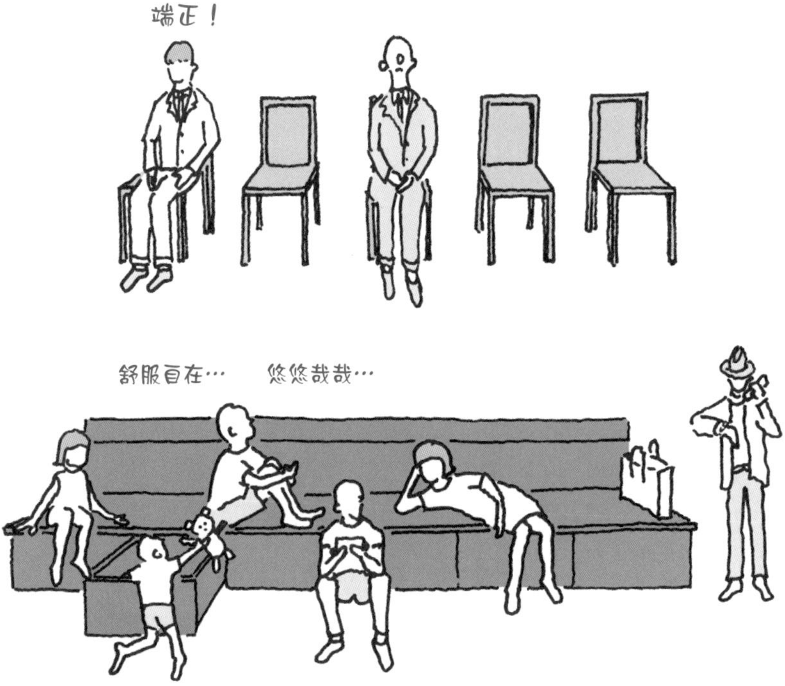

長椅擁有吸引人們靠近的魔力

長凳

茶室的庭院裡一定會有設有長凳、名為待合的空間，而一些日式住宅也保留了這項優良傳統，在玄關旁設置長凳。

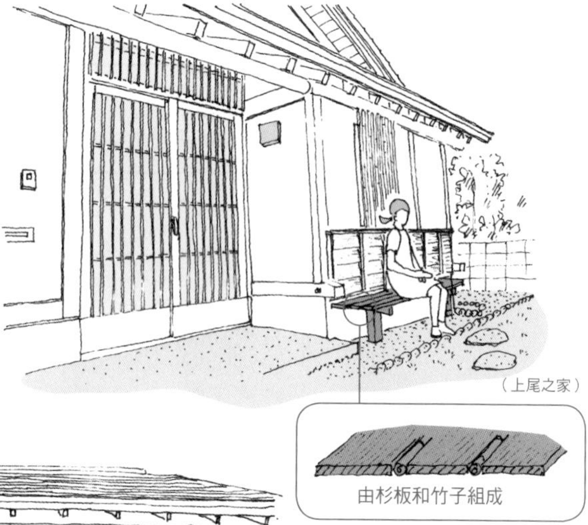

（上尾之家）

（下總中山之家）

長凳不只是一種傳統形式，更是可以暫放行李、讓孩子就座，確實在日常生活中紮根的實用裝置。

附抽屜收納的長椅

除了坐以外，也能當成席地而坐時的靠背。

（上尾之家）

附收納的長椅

是LDK不可或缺的收納空間。

（逗子之家）

鏡子擁有讓人和住家發光的魅力

出了家門後，要在人前照鏡子總讓人不禁感到猶豫，但如果是在家裡，就能盡情地欣賞鏡中的自己了。全身鏡常安裝於衣櫥或玄關處，能夠與牆壁融為一體；盥洗室的三面鏡則是輕易就能在市面上購得。鏡子除了可以映照容貌，也常用來增進空間的寬敞感，甚至還能作為「另一扇窗」，讓人自然地感受到身後的氛圍。

男人的鏡子當然要搖滾

為了保護鏡子不被狂野搖滾男破壞，於是使用鋼管和L型鋼條進行防護措施。

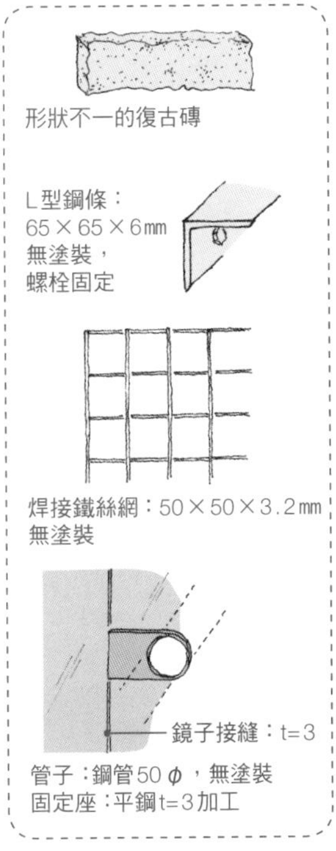
形狀不一的復古磚
L型鋼條：
65×65×6mm
無塗裝，
螺栓固定
焊接鐵絲網：50×50×3.2mm
無塗裝
鏡子接縫：t=3
管子：鋼管50φ，無塗裝
固定座：平鋼t=3加工

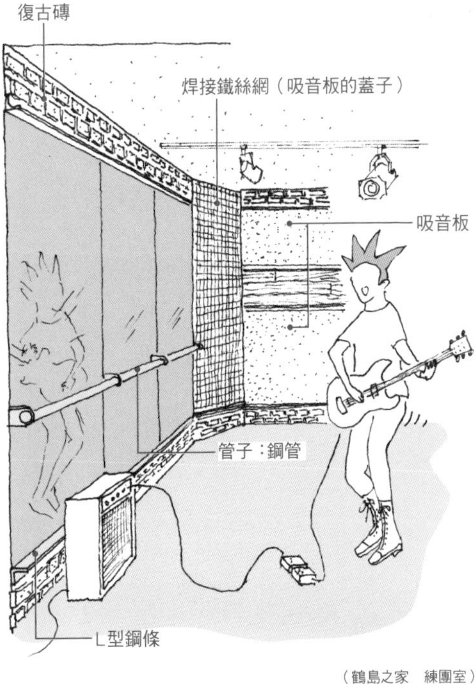
復古磚
焊接鐵絲網（吸音板的蓋子）
吸音板
管子：鋼管
L型鋼條

（鶴島之家　練團室）

鏡子也是一種牆壁表面材

作為牆壁表面材的鏡子

只要將從地板直達天花板的全身鏡安裝在面對中庭的明亮處，鏡中的倒影就會令室內顯得寬敞。
W=500㎜
H=2400㎜

可滑動的鏡櫃

要一一打開三面鏡的門實在麻煩……不如選擇可左右滑動的鏡櫃，擺放自己想用的物品。

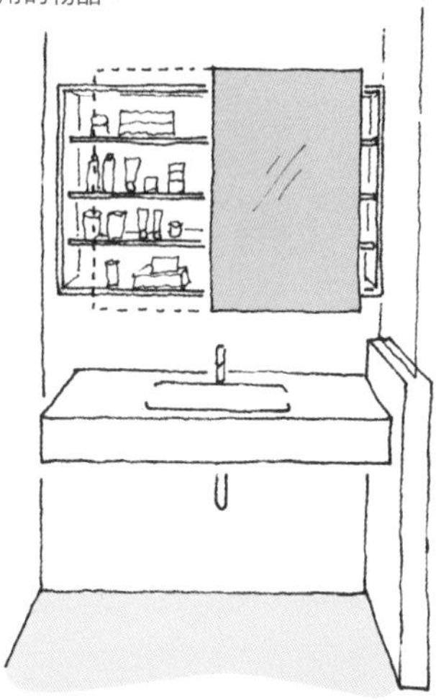

（鶴島之家）

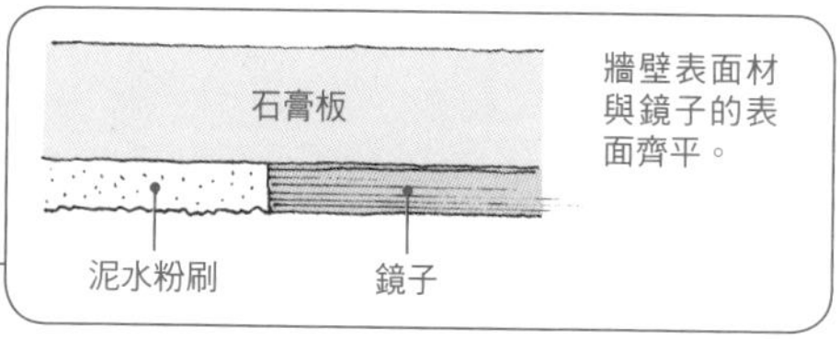
石膏板
牆壁表面材與鏡子的表面齊平。
泥水粉刷
鏡子

活用既有產品

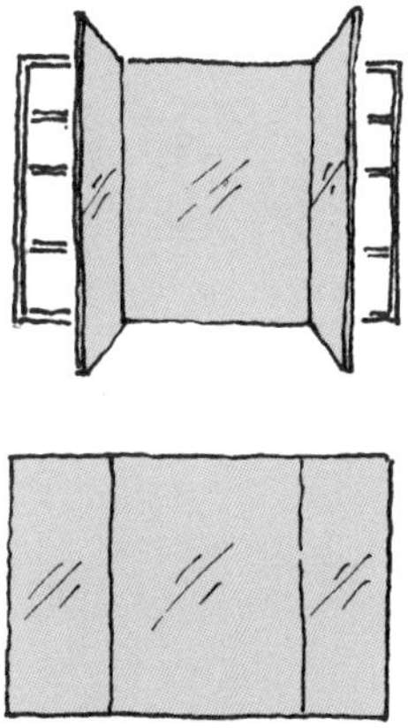

市售的三面鏡收納櫃

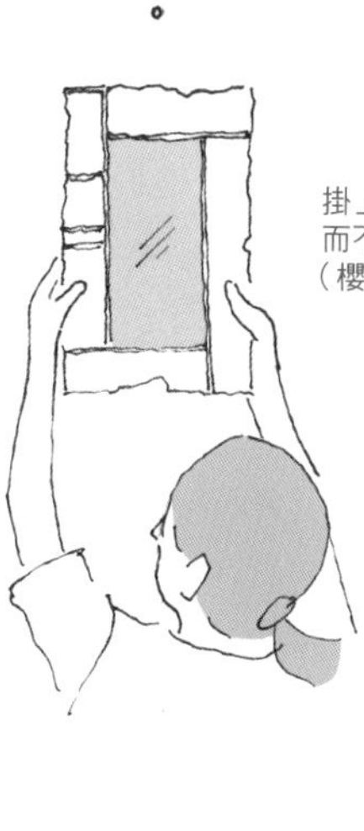

掛上藝術品般的鏡子而不加以固定。
（櫻井由美子製作）

不僅安全，更讓人想要觸碰的扶手

造型風雅的扶手

用銅線將竹片纏在鋼骨支柱上，鑲格窗上則有梅花的鏤空雕刻。

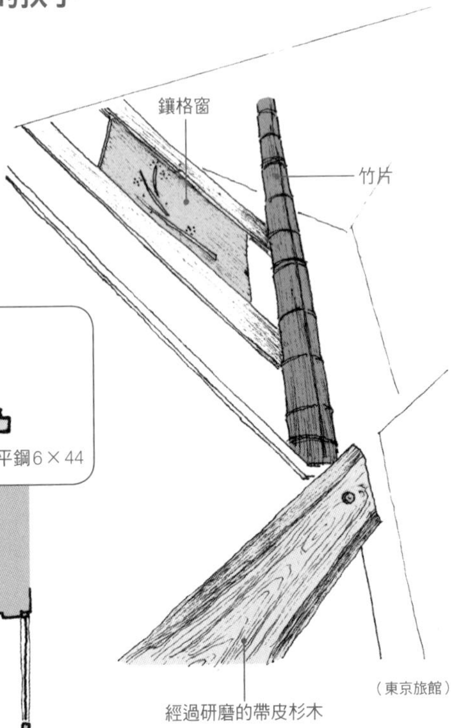

（東京旅館）

圓弧設計

平鋼經過彎曲加工，手觸摸的部分則是安裝了木材。

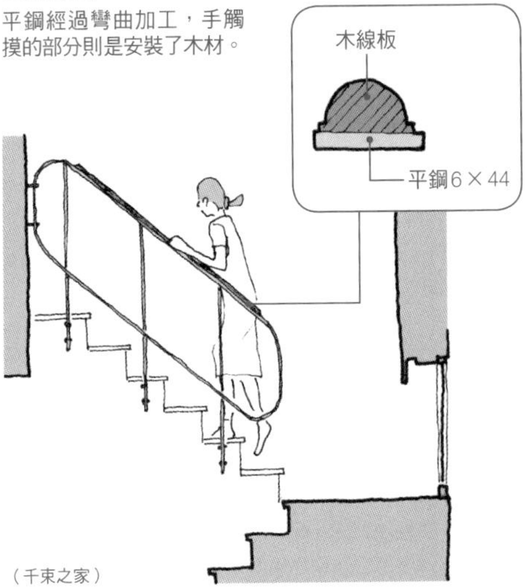

（千束之家）

略有進步的聰明扶手

最安全的扶手是「普通的扶手」，其材質通常採用抓握性佳的橡膠，顏色則是識別度高的紅色等等。但是，在大致由水平垂直所構成的住宅中，扶手的斜向線條總給人一種格格不入的感覺。

對於以特定少數人為使用對象的住宅而言，扶手的設計應能夠確保最低限度的安全性，並且盡量自然地融入住宅之中。

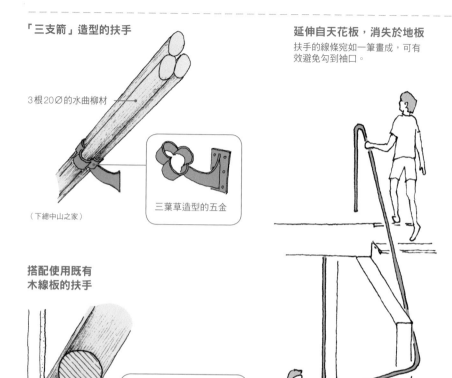

「三支箭」造型的扶手

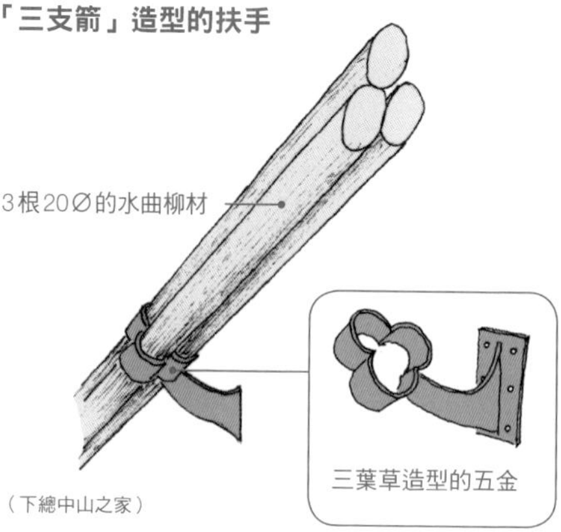
3根20∅的水曲柳材
三葉草造型的五金

（下總中山之家）

延伸自天花板，消失於地板

扶手的線條宛如一筆畫成，可有效避免勾到袖口。

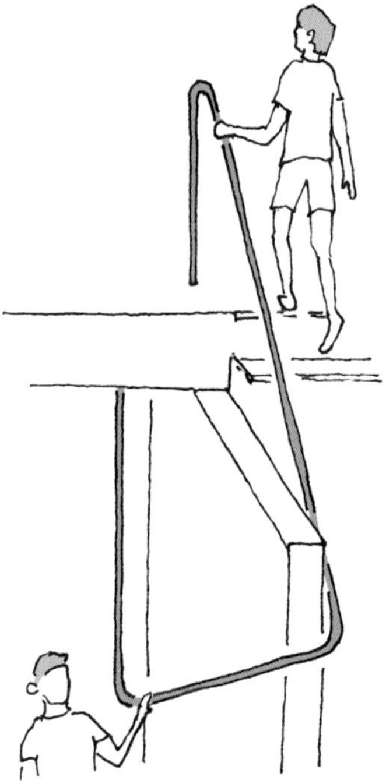

（鶴島之家）

搭配使用既有木線板的扶手

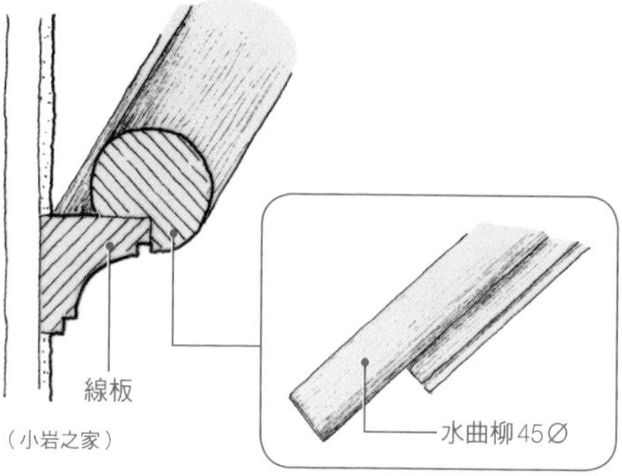
線板
水曲柳45∅

（小岩之家）

鐵與木的扶手

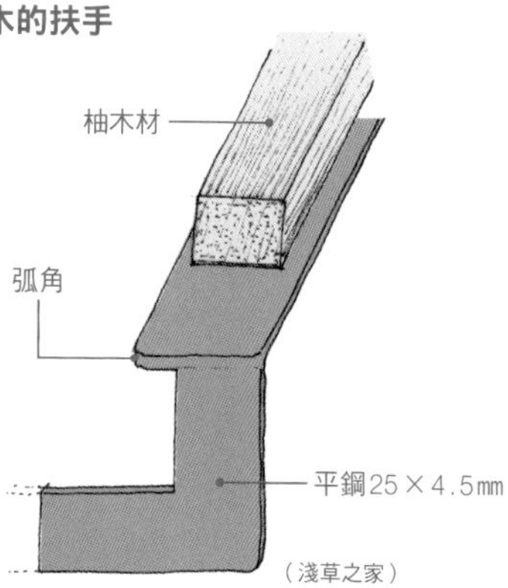
柚木材
弧角
平鋼25×4.5mm

（淺草之家）

末端彎曲的扶手

鋼管經過彎曲加工。

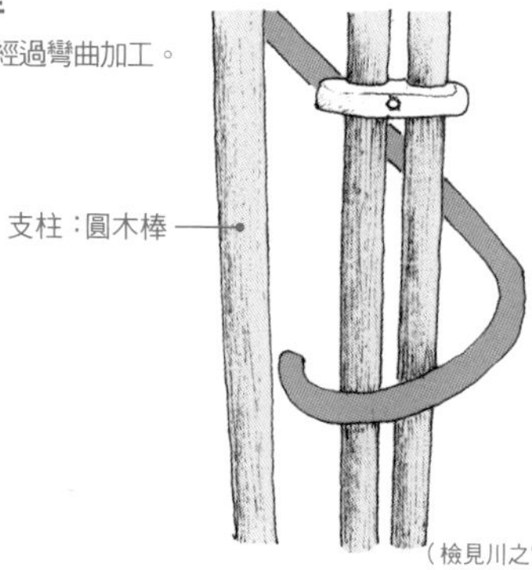
支柱：圓木棒

（檢見川之家）

與鐵匠一同自由創作的五金

益智環造型的曬衣五金

將鋼筋彎曲製成，柔和的外型與日式氛圍十分契合。

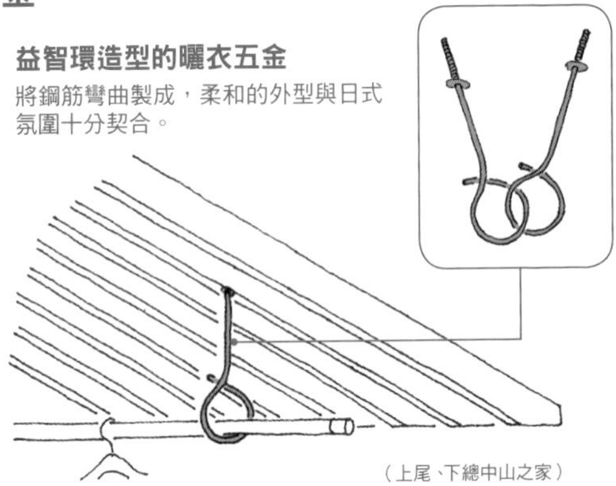

（上尾、下總中山之家）

附攝影機的門鈴

攝影機的部分有「眼睛造型」的蓋子。

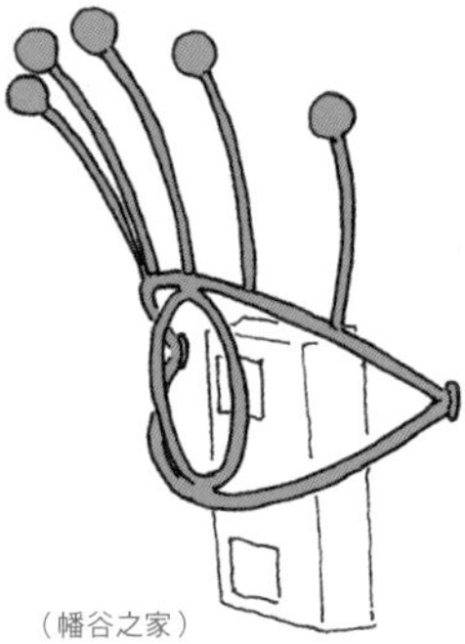

（幡谷之家）

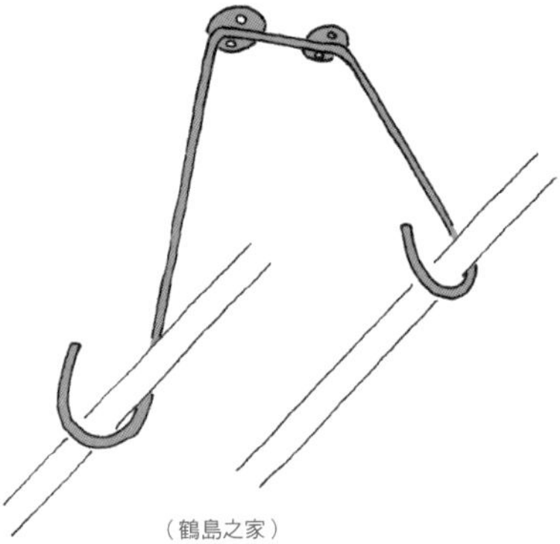

音符造型的曬衣五金

為了喜愛音樂的家人所打造的曬衣五金。

（鶴島之家）

打造獨一無二的五金其實很簡單

在住宅相關的嚴格法規與性能高低的限制之下，要如何在外觀逐漸一致化的住宅中展現自我風格，成了居家設計的一大重點。譬如住宅中一定會有的把手、握鈕等，市面上雖然有許多優良的既有產品，但是稍微講究一點，請附近的鐵匠幫忙製作造型簡單的原創五金也絕非難事。

雙重螺旋結構?!

將異形鋼筋材質的自由
曲線當成把手使用。

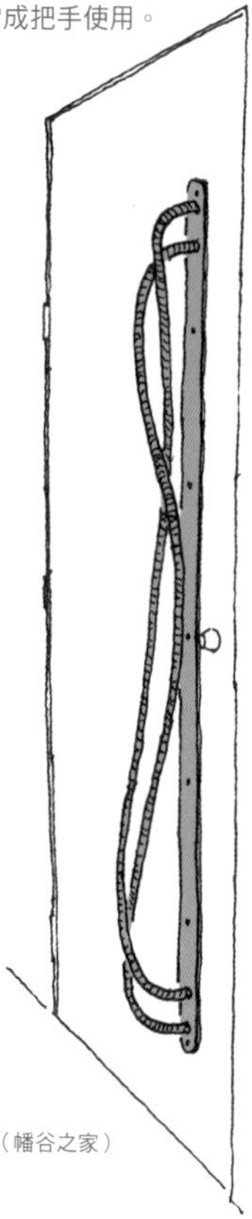

（幡谷之家）

把手

用鋼材將住家的設計主題
「四根柱子」做成把手。

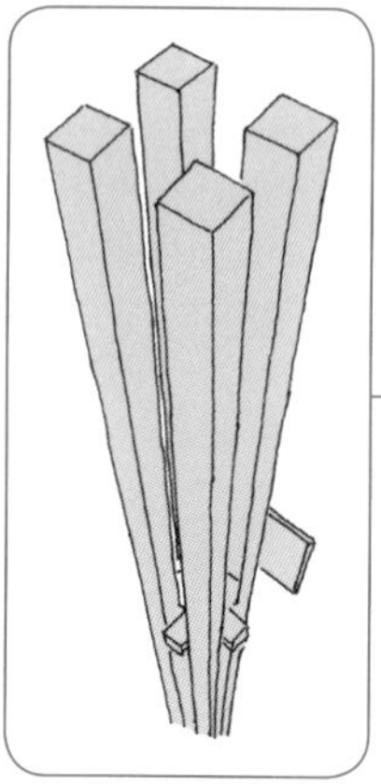

（久我山之家）

握鈕

造型簡樸的黃銅
握鈕

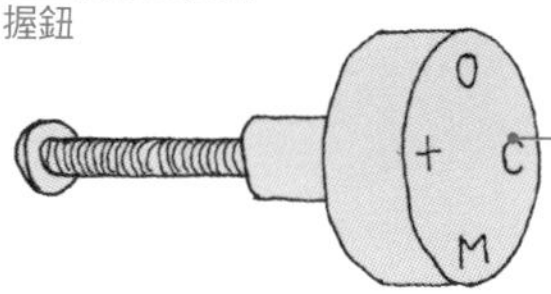

把手

以既有的成型製品做成簡
單的L型鋼板

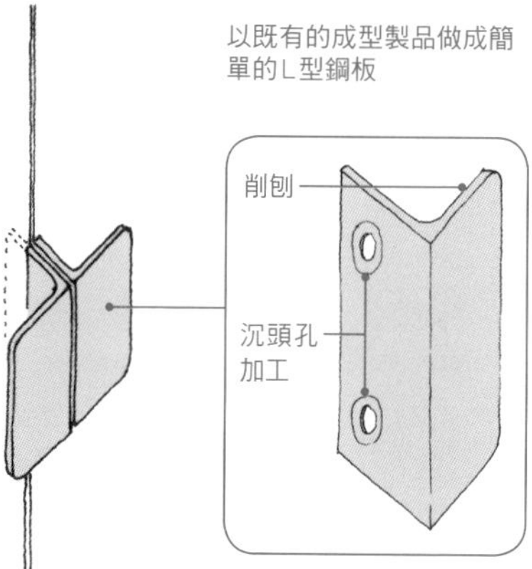

（淺草之家）

像摺紙一樣彎曲鋼材

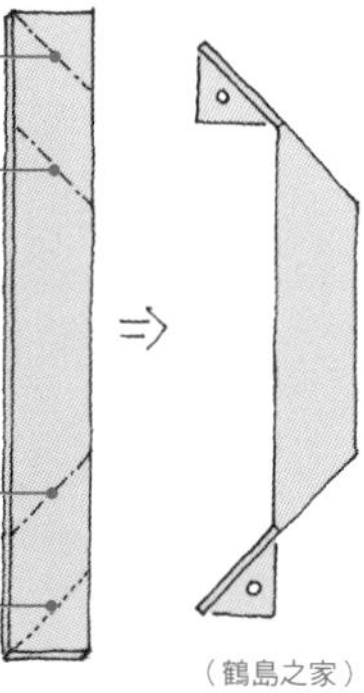

（鶴島之家）

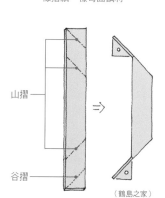

竹模具清水混凝土

將真正的竹子對剖裝在模具內，接著灌入混凝土。拆下模具後，只有竹子的部分會凹陷變得像浮雕一般。

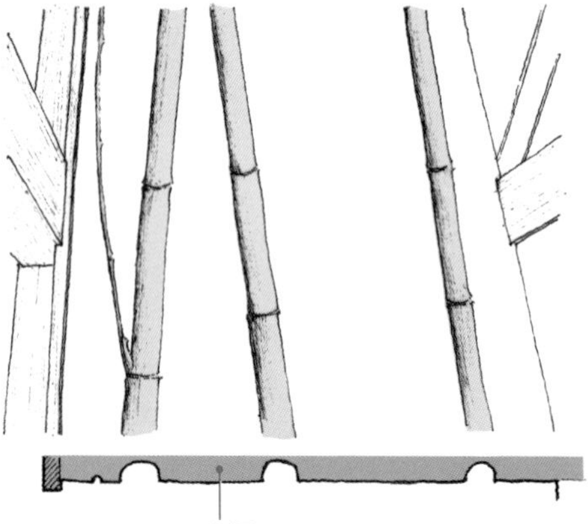

（國立之家）

在牆上按手印

作為孩子們的成長回憶

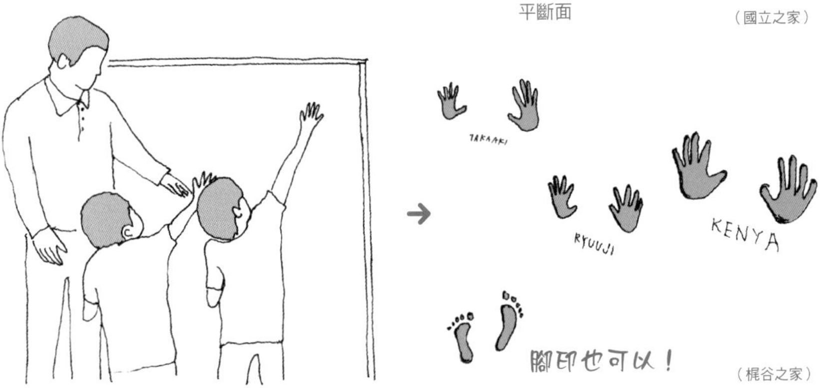

（梶谷之家）

在水泥砂漿硬化前大玩創意

即便是木造建築，也一定有使用溼式工法，將混凝土或水泥砂漿灌入模型，或者用鏝刀塗抹後等待凝固，作為表面材料的部分。我們只要利用材料必須等待乾燥的特性，就能試著做出各種獨特的設計。混凝土的部分必須在工程公司的協助下進行，水泥砂漿則因為可以重新製作，所以能夠盡情地大膽嘗試。

在土間嵌入一二三石

以在修學院離宮等處可見的
傳統童趣作為設計參考。

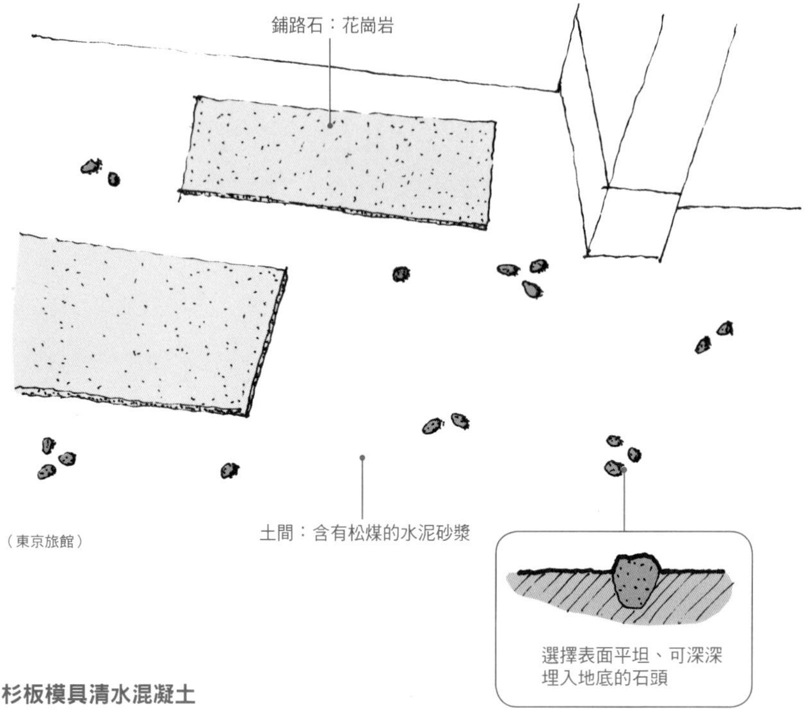

鋪路石：花崗岩
土間：含有松煤的水泥砂漿
選擇表面平坦、可深深埋入地底的石頭

（東京旅館）

杉板模具清水混凝土

能夠展現清晰的木紋，同時消除清水
混凝土的冷冽印象。

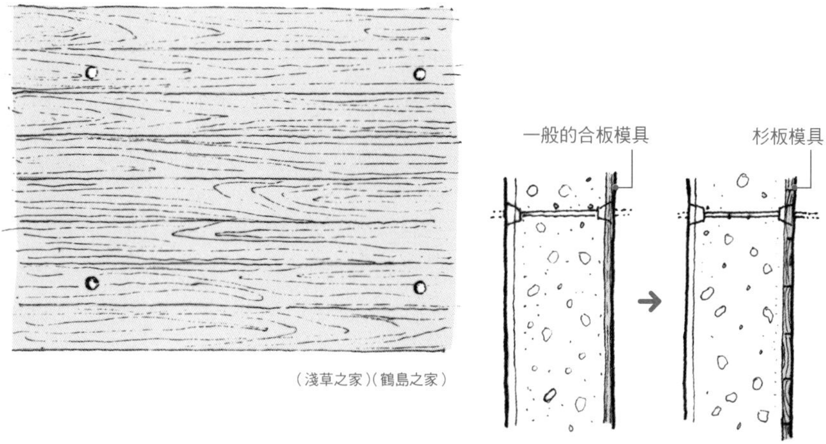

一般的合板模具
杉板模具

（淺草之家）（鶴島之家）

如星斗般四散，如滿月般高掛

隅丸

消除牆壁和天花板的界線，讓角落呈弧形。

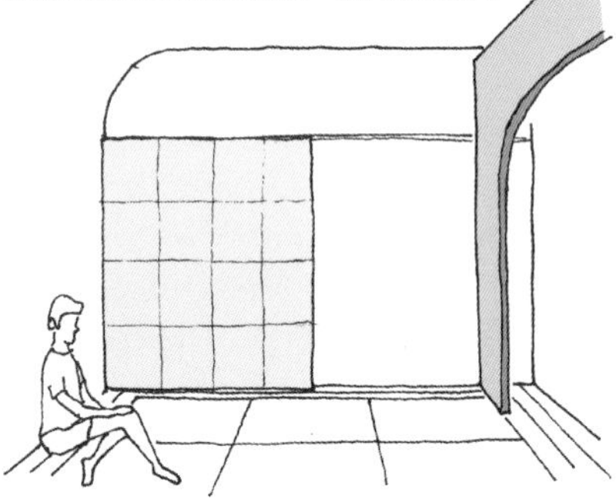

（鶴島之家）

浮鏡

將部分透明玻璃加工成圓形的鏡子。

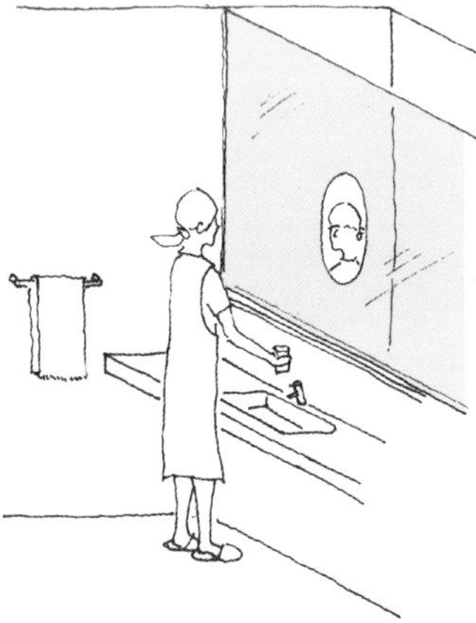

（上野原之家）

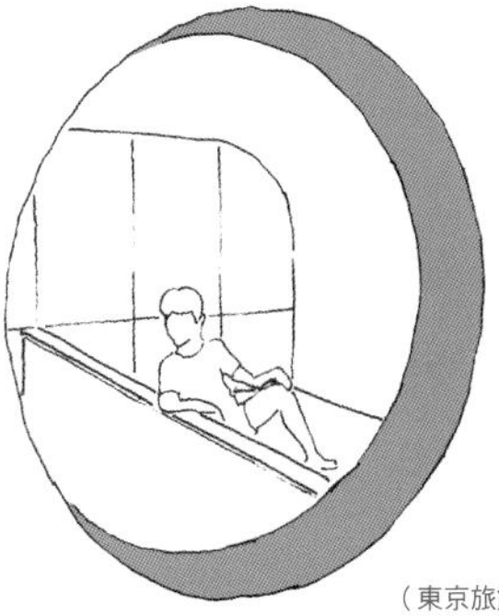

圓窗

在有著弧形元素的隱密空間內開一扇圓窗。

（東京旅館）

為住家增添柔和感的圓、球、孔

即使住宅整體都是由堅毅的直線線條構成，還是可以利用小小的創意營造出柔和而充滿生命力的氛圍，例如讓把手、玻璃磚、採光窗等圓形既有產品如星斗般隨意散佈各處，或是在某個地方製造宛如明月的圓形圖樣。日本人對於花鳥風月及自然的變遷有著豐富的感性，建議不妨試著將其融入住宅之中。

眼球玻璃磚

在封閉的浴室空間裡鑲嵌眼球一般的玻璃磚來增添趣味。

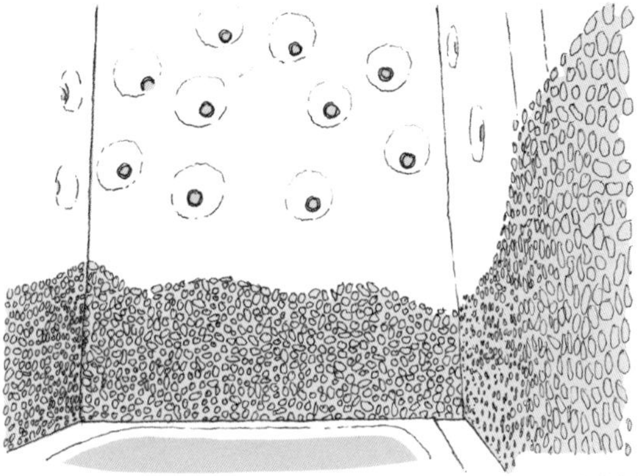

（幡谷之家）

光盆

在方形的榻榻米房一隅，設置圓弧狀的擺飾櫃並鑽出圓孔，裝入燈具後蓋上半透明的壓克力板。
只要將玻璃器皿放在壓克力板上、打上燈光，玻璃器皿就會優雅地自光中浮現。

（生實野之家）

昴窗

將原本是用來告知廁所裡有沒有人，或是防止忘記關燈的小採光窗，改成設置在父親的房門上。

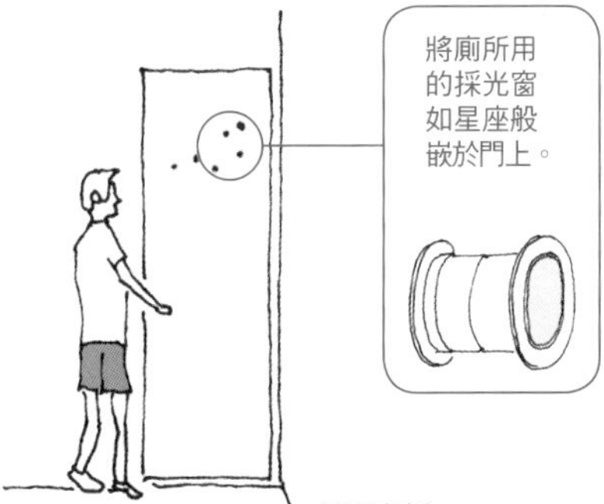
將廁所用的採光窗如星座般嵌於門上。

（蓮根之家）

圓形親子把手

低處的小把手和高處的大把手分別為小孩和大人專用，屬於通用設計的一種。

（檢見川之家）

猶如點燃燈火的照明規劃

有人說，曾經遭受空襲的國家的照明會特別明亮，這個說法的真偽雖然不得而知，不過日本住宅的照明確實太過明亮了。工作空間就另當別論，但是用來放鬆的空間和就寢之前都不應該使用模仿白天陽光的照明，而必須讓燈光猶如點燃的燈火一般。此外，為了避免雙眼直接接觸光源並降低刺眼感，間接照明也要配置在適當的位置。

因應燈具用途所設計的照明規劃

各種照明器具

發揮每種燈具的特長，視情況點亮、熄滅或移動，藉以獲得所需的光線。

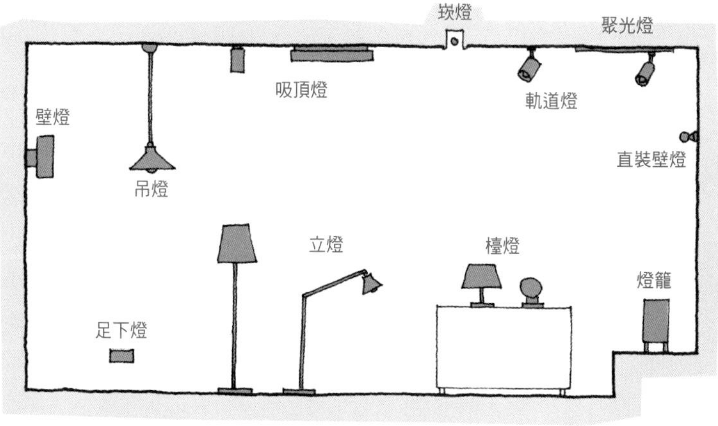
崁燈
聚光燈
吸頂燈
軌道燈
壁燈
直裝壁燈
吊燈
立燈
檯燈
燈籠
足下燈

白熾燈泡

可集光、散光、調光，會發出溫暖的光線。價格雖然便宜，但因為使用壽命短又會發熱，所以許多大廠牌都沒有生產製造。

日光燈

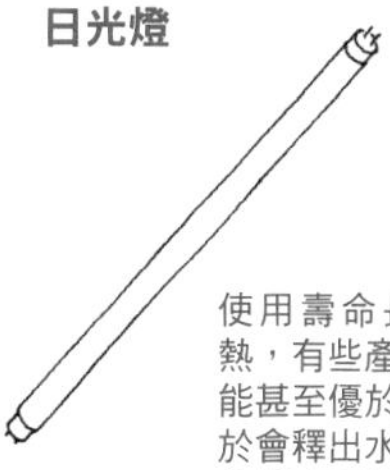

使用壽命長且很少發熱，有些產品的發光效能甚至優於LED，但由於會釋出水銀氣體，因此將來可能會和白熾燈泡一樣消失。

LED

由於發光效能佳且使用壽命長，因此雖然價格昂貴仍逐漸廣為使用。過去的光線色溫冷而刺眼，現在則已改良成適合一般住家使用。

猶如「點燃燈火」的間接照明

重點在於隱藏光源，讓經過反射的光線照亮某處。

反射光照明

照亮天花板

照亮牆邊

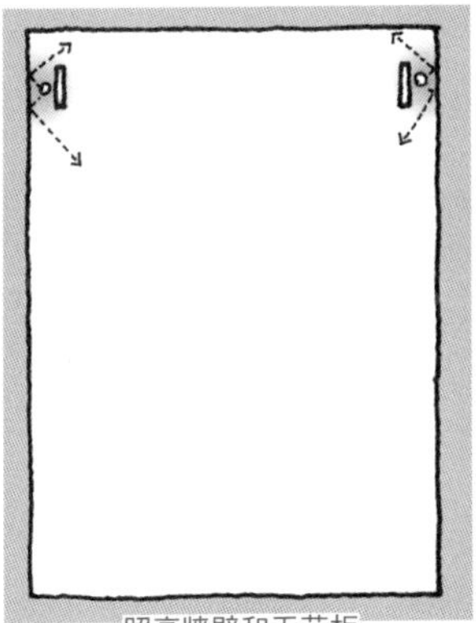

照亮牆壁和天花板

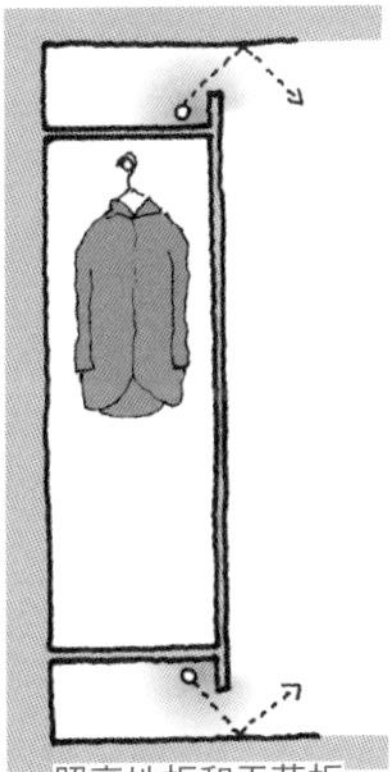

照亮地板和天花板

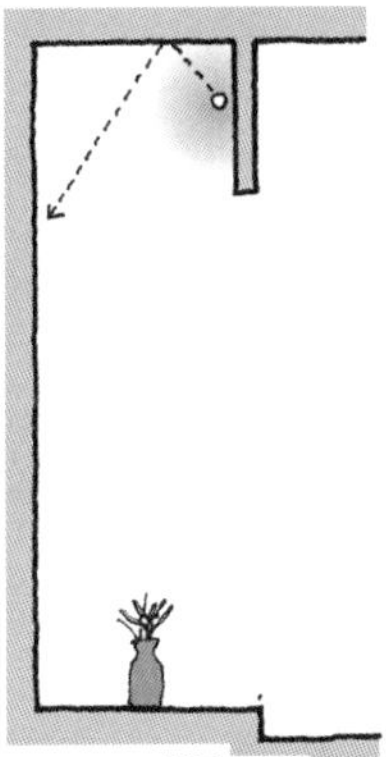

照亮壁龕

照亮腳邊和天花板

進行照明規劃時，不應一味地挑選高機能的昂貴燈具，或是只欣賞燈具的設計感，創造「照亮生活中的必要部分」的狀態才是最重要的。

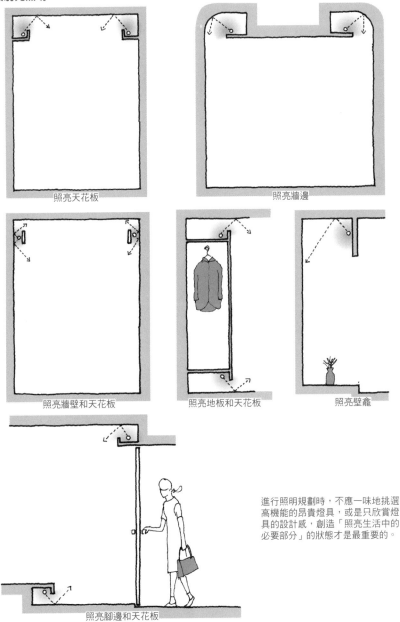

無論人或生物都渴望柔和的涼意

雖然希望盡可能採用先人的智慧納涼而不使用空調，實際上卻很難做到。

躲起來工作的空調

即使遮蔽陽光、確保通風、提升隔熱性能，日本的夏天和冬天還是非得有空調設備才能安然度過。

除了空調的安裝位置和室外機的擺放地點須考慮整體設計之外，像是只在起居間花多一點錢設置內嵌［※］型或選擇簡單的壁掛型等等，也必須擬好最佳的空調配置方式，讓人不至於產生「空調症候群」。

［※］興建時，事先將機器設備或家具等固定在內（built-in）

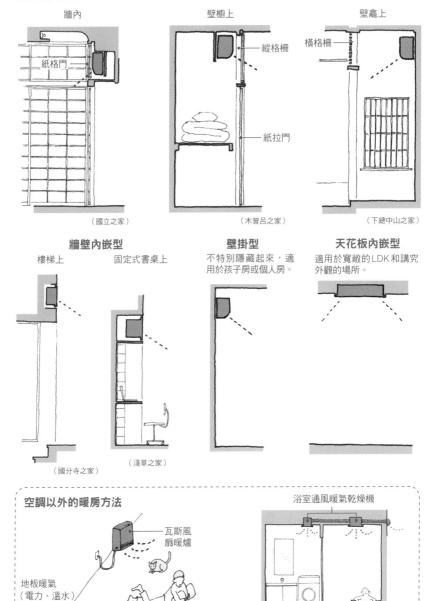

只要和空調相處融洽就不會產生空調症候群

壁掛型的隱藏方法 尤其和室的空調更不想讓人看見。

牆內

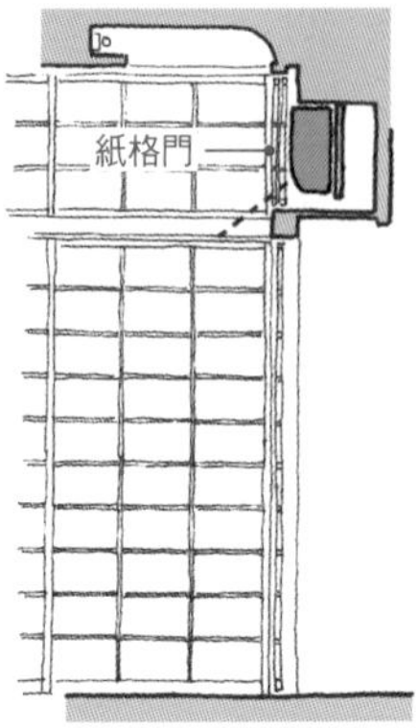
紙格門

（國立之家）

壁櫥上

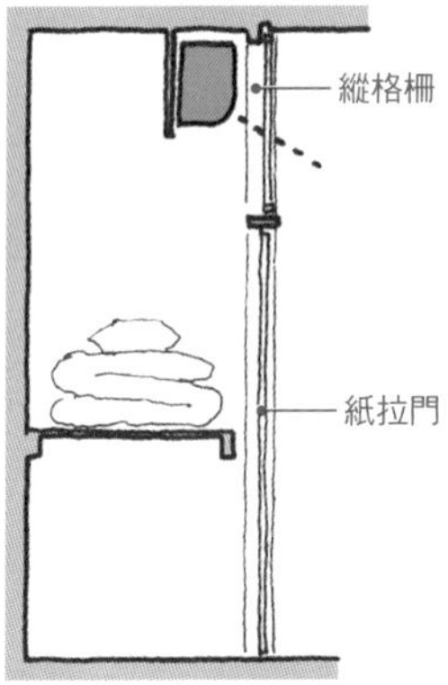
縱格柵
紙拉門

（木曾呂之家）

壁龕上

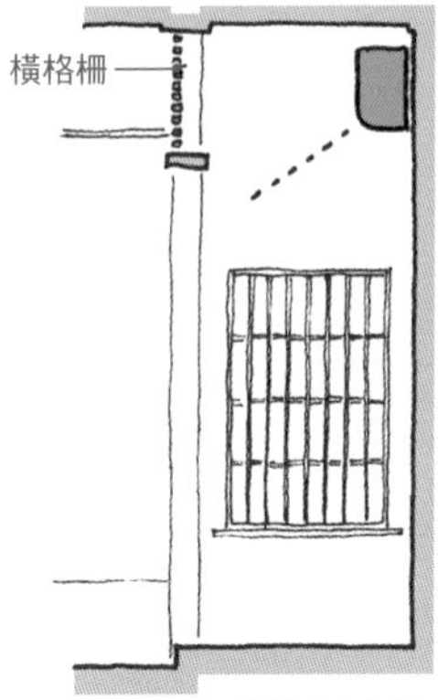
橫格柵

（下總中山之家）

牆壁內嵌型

樓梯上

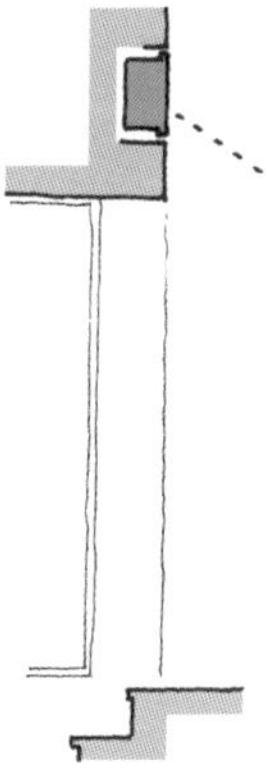

（國分寺之家）

固定式書桌上

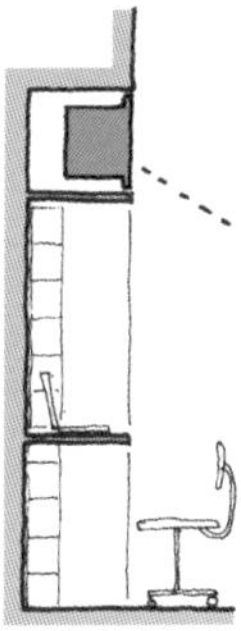

（淺草之家）

壁掛型

不特別隱藏起來，適用於孩子房或個人房。

天花板內嵌型

適用於寬敞的LDK和講究外觀的場所。

空調以外的暖房方法

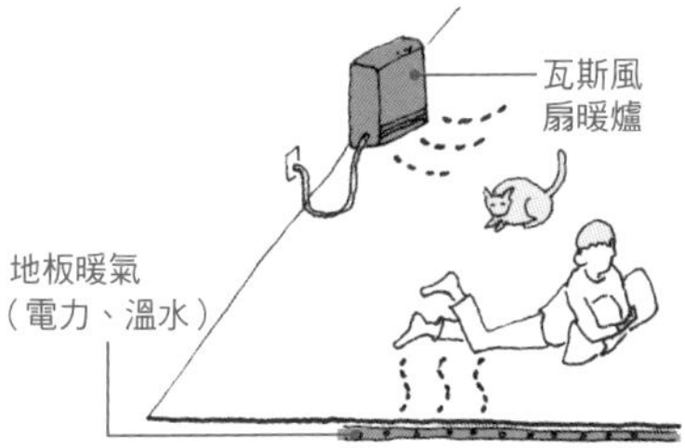
瓦斯風扇暖爐
地板暖氣
（電力、溫水）

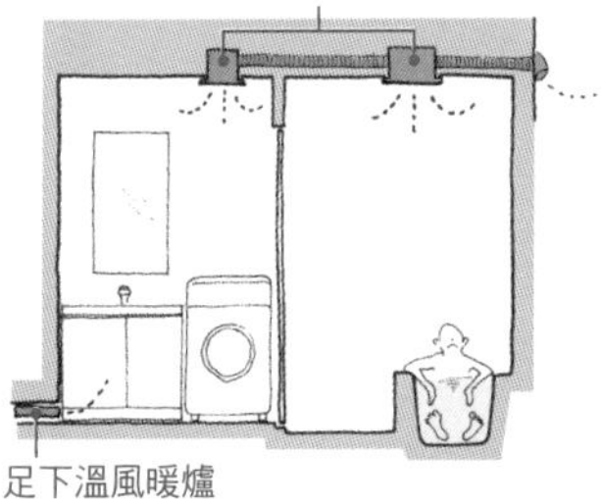
浴室通風暖氣乾燥機
足下溫風暖爐

控制器的種類不斷增加

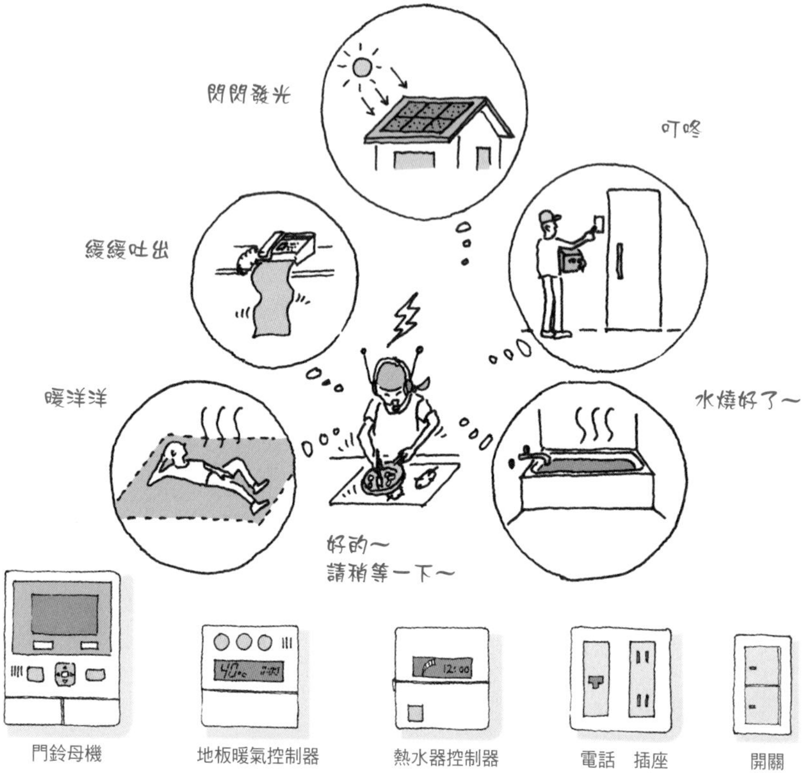
閃閃發光
叮咚
緩緩吐出
暖洋洋
水燒好了～
好的～
請稍等一下～
門鈴母機
地板暖氣控制器
熱水器控制器
電話　插座
開關

我家的指揮塔在哪裡？

幾乎所有的機器設備都靠電力進行控制，就連瓦斯熱水器也是沒有電就無法使用。這些機器設備雖然便利，卻也使得家中的控制器類不斷增加，再加上手寫的字條和請款單也需要暫時存放在醒目處，因此必須預留一個固定地點。對這些住家的機器設備，及向全家人發送重要號令的機能進行統一管理。

換言之就是住家的中樞神經區

除了管理控制器類，也能在此張貼全家的連絡事項和字條。

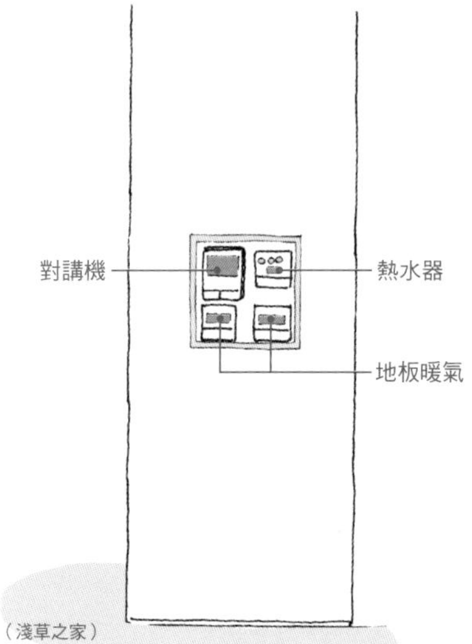

（淺草之家）

只須40㎜的深度就能一併收納在正方形內。

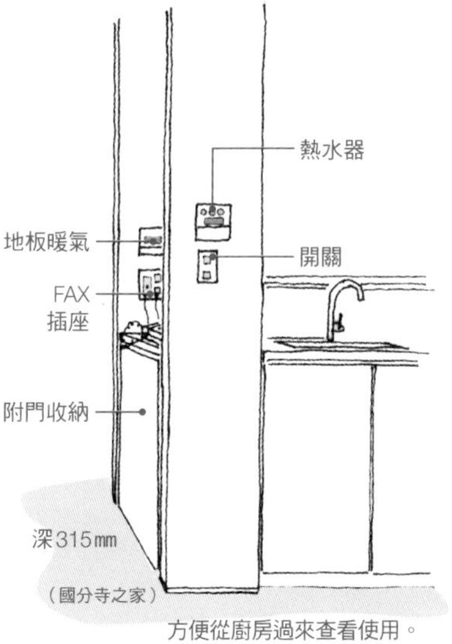

（國分寺之家）

方便從廚房過來查看使用。

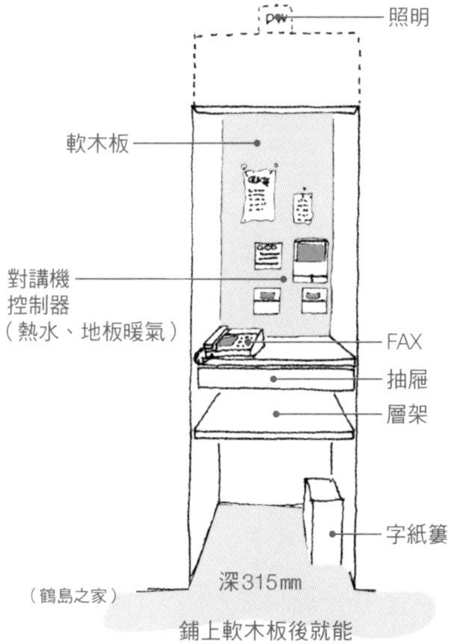

（鶴島之家）

鋪上軟木板後就能張貼字條。

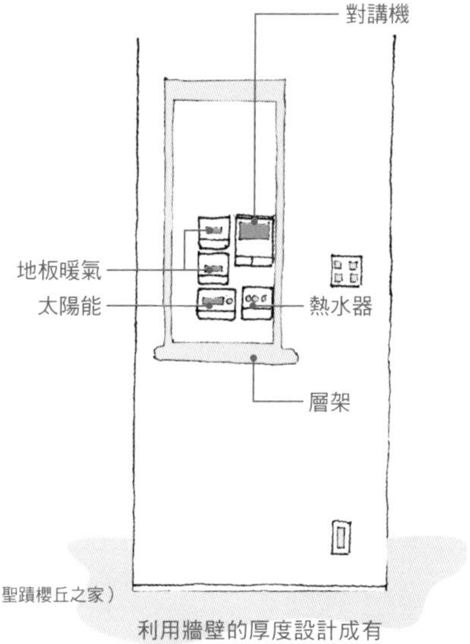

（聖蹟櫻丘之家）

利用牆壁的厚度設計成有如壁龕。

充斥家中的各種聲響

叮
♪
嗶
嘩啦
匡啷匡啷
♪
喀嗞喀嗞
喀啦
喀啦
汪汪
NEWS
24
嗶 唰 啪嗒
哇哇
鏗鏗鏘鏘
咕嚕咕嚕
呸～
叩鑼
叩鑼
嘰嘰
咚咚咚
啪啪啪
喂喂喂～
煮好了
水燒好了
42°C
嗡～

生活聲響也是居家設計的重點

據說人如果長期待在完全無聲的無響室裡，身心狀態都會變得不穩定，因此人必須要有某種程度的聲響才能存活下去。人能夠從熱水煮沸聲中感受到生活感，從緩緩流瀉的音樂中獲得紓解，但是如果遇到心情不佳時，那些生活聲響就跟噪音沒兩樣了。為了不讓生活聲響成為惱人的噪音，必須打造一個能夠緩和聲響的空間，也就是設法讓聲音一點點地擴散或是被吸收。

維持好心情就靠吸音和擴散

如果不吸音、擴散…

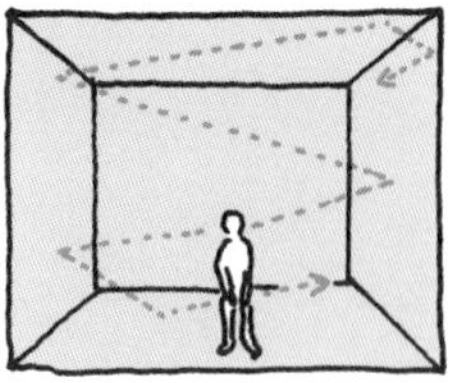

聲音會持續反射

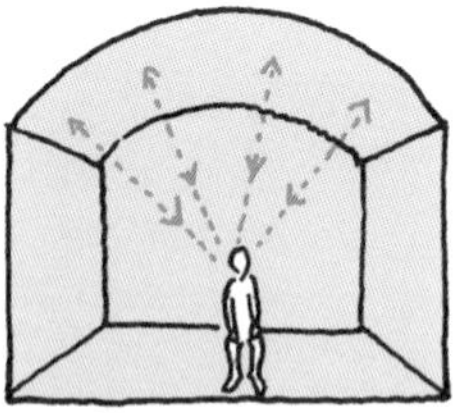

尤其曲面會讓聲音集中於一點，
形成反響

入射角＝反射角

利用房間的形狀讓聲音擴散、亂反射

室內形狀有一定的凹凸，有助於打造良好的聲響環境。

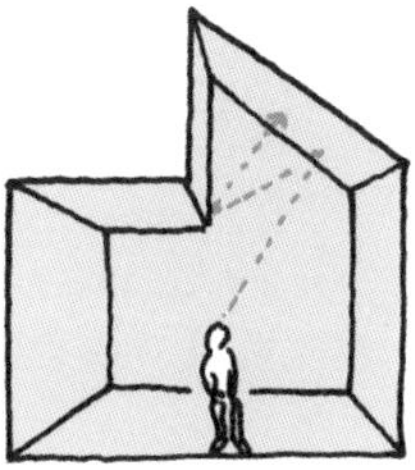

從斷面來看

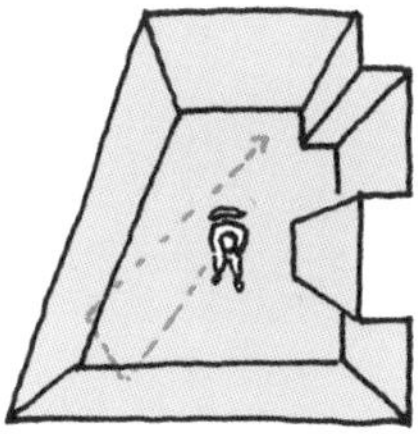

從平面來看

利用牆壁素材吸音、擴散

表面粗糙的素材有良好的擴散效果。

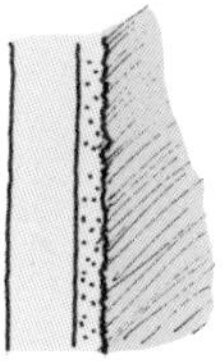

泥水粉刷牆（刷毛痕）

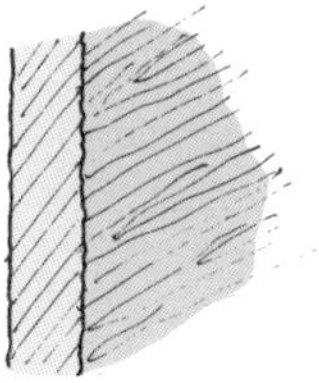

粗糙的木材

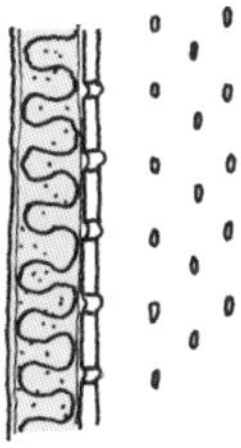

打孔板和玻璃纖維

利用天花板素材吸音

可用於廚房和廁所的天花板。

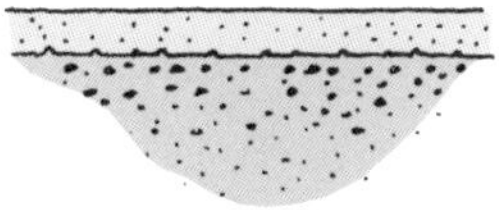

岩棉吸音板

利用室內陳設來解決

沙發、窗簾、地毯、書櫃也能吸收或擴散生活聲響。

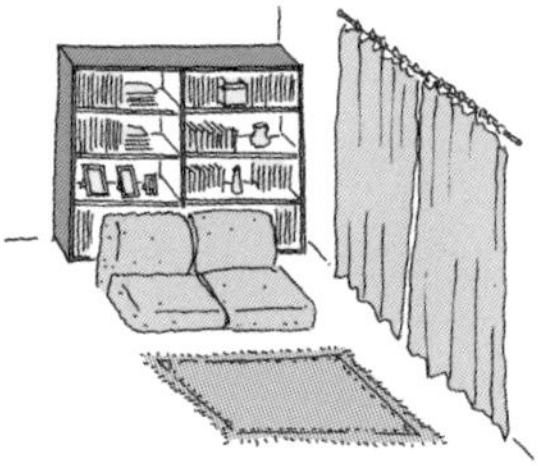

立刻撤掉加溼器，讓室內通風吧！

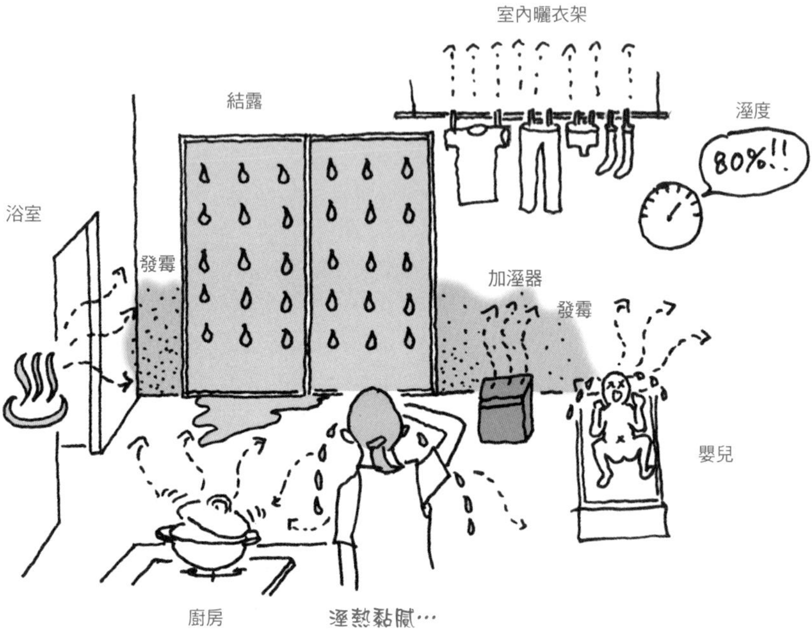

加溼器真的必要嗎？

日本的夏天高溫潮溼，但反而是冬天才更需要注意住宅內的溼氣。不少家庭因為聽說病毒不耐溼氣而使用了加溼器，卻造成玻璃窗結露等種種問題；再加上住宅的氣密度愈高，愈難去除室內的濕氣，因此建議利用溼度計管理住家溼度並隨時保持通風。另外，衣物和棉被的收納處也要盡量保持空氣流通。

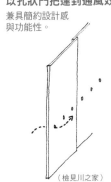

溼氣不囤積的舒適生活

讓我們一起創造空氣流通的環境

吸排溼性佳的壁櫥

在壁櫥內鋪上具吸排溼效果的實木杉板。

通風效果佳的壁櫥

在上下安排通風路徑。

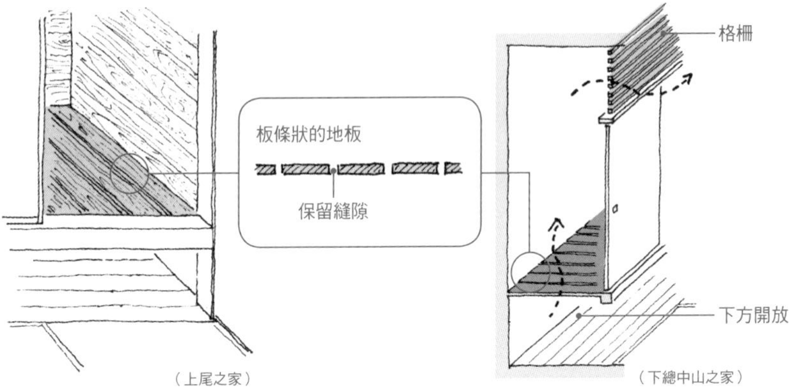
板條狀的地板
保留縫隙
格柵
下方開放

（上尾之家）　（下總中山之家）

從收納的上方通風

只從上方通風也有效果。

從鞋櫃的下方通風

盡量消除鞋臭味。

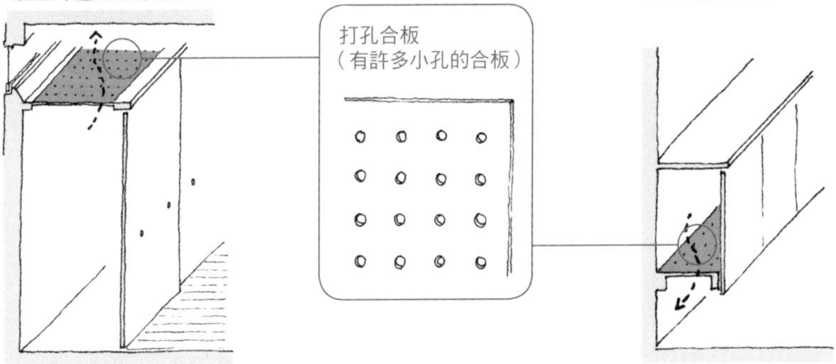
打孔合板
（有許多小孔的合板）

（佐久之家）

以孔狀門把達到通風效果

兼具簡約設計感
與功能性。

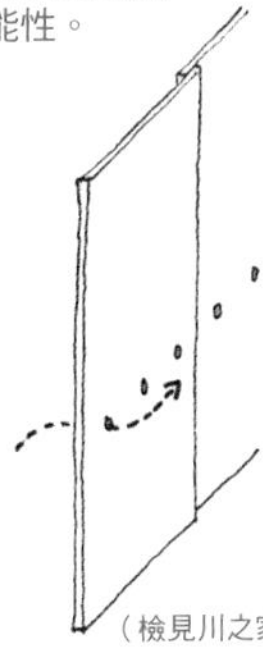

（檢見川之家）

半地下的臥室

在地板下鋪可調溼的炭。

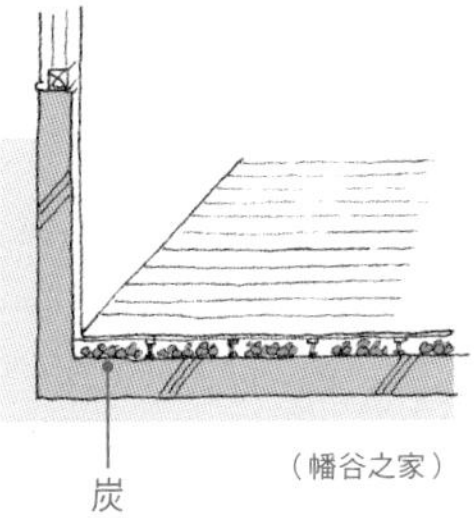
炭

（幡谷之家）

利用牆壁表面材吸排溼

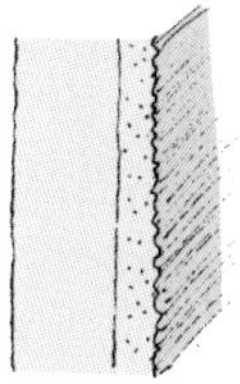

以具吸排溼效果的珪藻土等材料作為牆壁表面材，再利用不平滑的刷毛痕增加表面積。

防盜方面很完美，但是避難呢？

縱使被小偷闖空門偷走現金，人命卻是什麼也換不回來的…

同時考量防盜與避難

和公寓不同，透天厝能夠設置許多開口，卻也因此在防盜方面令人擔憂。話雖如此，假使在所有窗戶都裝上鐵窗，這樣不僅住起來舒適度大減，更不利於災害發生時避難，所以我們必須從「玄關起火時要從哪裡逃出去？」這一點開始考量。其次，防盜不是只能從窗戶著手，也可以利用外部結構的設計和生活習慣來消除外出時的不安感。

連意外情況也設想進去的防盜、避難對策

假如玄關起火…

無法從全都裝上鐵窗的窗戶逃生。

製造玄關以外的逃生路徑。

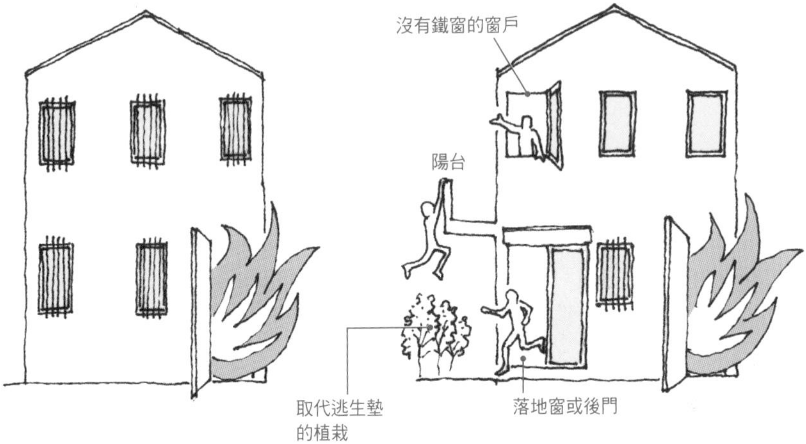
沒有鐵窗的窗戶
陽台
取代逃生墊
的植栽
落地窗或後門

大窗戶的防盜對策

可加裝防盜玻璃或鐵絲網玻璃。防盜玻璃中間夾了一層有CP標誌的PC膜。

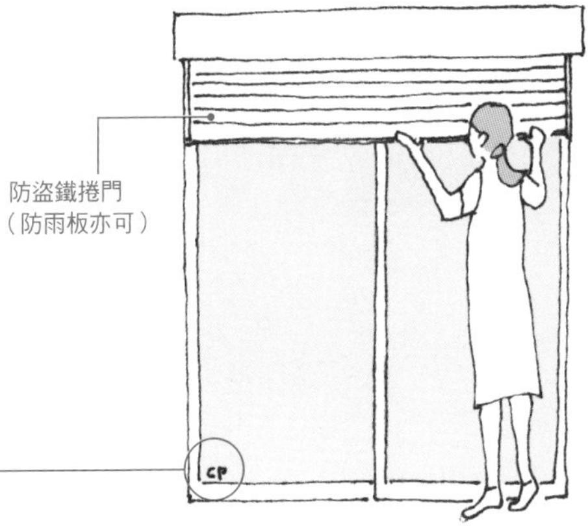
防盜鐵捲門
（防雨板亦可）
CP

CP 標誌
防盜建築用品
CP=Crime Prevention

小窗戶的防盜對策

可加裝鐵窗或防盜玻璃、鐵絲網玻璃，較大玻璃不容易被打破。

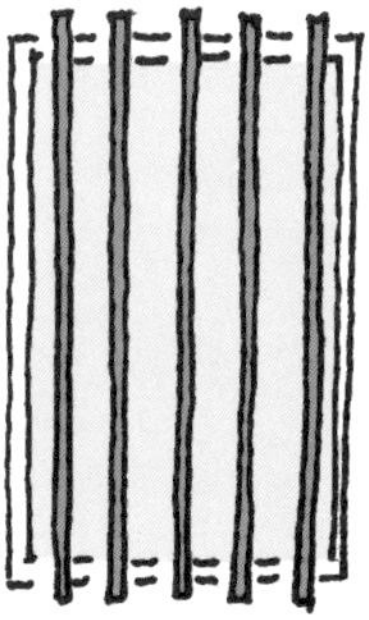

防盜對策的各種手法

除了從建築物的設計著手，也能藉著加裝設備和良好的生活習慣達到防盜效果

感應式防盜燈

須留意設置角度不要太偏向馬路，以免干擾到每天路過的鄰居。

計時式照明燈

即使傍晚不在家，只要天色一暗就會亮燈。可設定成半夜熄燈以節省電力。

製造動靜

晚上或外出時，讓廚房或某個房間的電燈、電視開著不關。

鋪砂礫

在家的四周鋪砂礫，如此有人走過便會發出聲響。只不過，在常有野貓出沒的地區可能會成為貓的排泄場所，須特別留意。

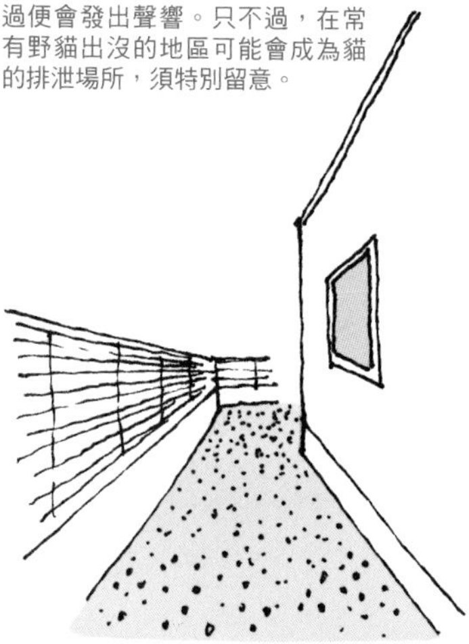

裝設大一點的信箱

以免囤積的郵件讓宵小看出無人在家。

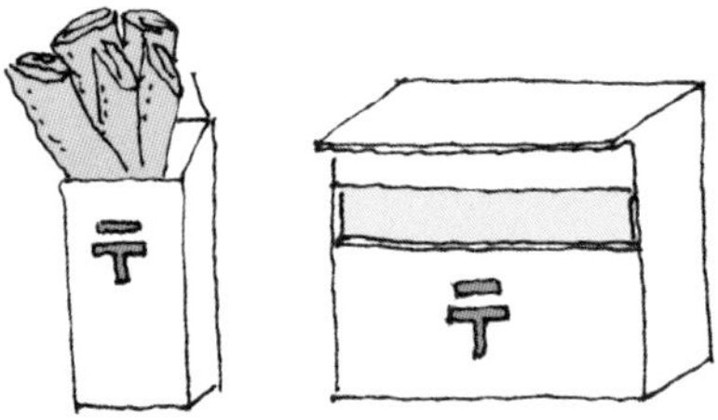

後記

本書堪稱是我從1995年到2014年，從事住宅設計近20年來的工作實錄，也可以說是記錄片。當年，我在意氣風發的29歲時以建築師之姿獨立開業，起初原本是抱著「我一定要設計出登上建築雜誌封面的『作品』……」的抱負展開設計之路，但是那樣的心態卻在我與個性各異的屋主溝通的過程中，不知不覺地消失無蹤。那是因為，我發現「聆聽並接納屋主的夢想與願望，盡力為他們編織出美麗而圓滿的家園」的能力，才是從事住宅設計的建築師所需要的。

可是，我有時偷偷瀏覽其他建築師的網站和作品集，看到那些美如攝影集、風格一致的住宅，內心還是不由得感到羨慕，心想屋主們一定是因為那位建築師能夠設計出那樣的風格和感覺，才放心地委託對方。反觀我之前設計過的住宅，卻是乍看之下雜亂無章，很難看出有何特色風格；儘管其中還是不乏佳作，但我仍不時懷疑那些作品也只是我照著個性豐富的屋主所說的去做罷了。身為日本建築師，我一直認為摩登和日式這兩種風格的根本源頭其實是相通的，然而我卻遲遲找不到時機，憑藉自己的力量將其類型化。就在那時候，與我相交多年的X-Knowledge出版社的三輪浩之先生希望我能夠協助撰寫關於居家設計的書籍。

自那之後，我打開佈滿灰塵的十多年前的舊設計圖，展開一場就某種意義而言是「自我解析」的旅程。在整理那些只用一次就結束的創意、反覆出現好幾次的格局、慣用的空間配置手法的過程中，我的心中逐漸有了想寫一本居家設計版食譜的想法。然後，我也體認到自己真正想要珍惜和傳達的事物至今從未改變，而未來我也將繼續迷惘下去，內心不禁稍微鬆了口氣。

倘若各位讀過本書後從中感受到居家設計的樂趣，並且湧現「如果是我會這麼做」的靈感，那將是身為作者的我最大的榮幸。

2014年6月　大島健二

國分寺之家
所在地　東京都國分寺市
完工　2009年10月
土地面積　66.93㎡
總樓地板面積　83.57㎡
結構、規模　木造、地上2層

國立之家
所在地　東京都國立市
完工　2002年7月
土地面積　739.28㎡
總樓地板面積　316.21㎡
結構、規模　RC造＋木造、地下1層 地上2層

梶谷之家
所在地　神奈川縣川崎市
完工　2003年3月
土地面積　88.20㎡
總樓地板面積　136.76㎡
結構、規模　鋼骨造、地上3層

淺草之家
所在地　東京都台東區
完工　2012年4月
土地面積　99.89㎡
總樓地板面積　139.62㎡
結構、規模　RC造、地上3層

逗子之家
所在地　神奈川縣逗子市
完工　2005年4月
土地面積　149.44㎡
總樓地板面積　104.19㎡
結構、規模　木造、地上2層

聖蹟櫻丘之家
所在地　東京都多摩市
完工　2012年5月
土地面積　267.81㎡
總樓地板面積　92.74㎡
結構、規模　木造、地上1層

幡谷之家
所在地　東京都澀谷區
完工　2004年11月
土地面積　50.47㎡
總樓地板面積　76.91㎡
結構、規模　RC造＋木造、地上2層

廣尾之家
所在地　東京都澀谷區
完工　2000年12月
土地面積　61.42㎡
總樓地板面積　81.84㎡
結構、規模　RC造＋木造、地下1層 地上2層

廣島之家
所在地　廣島縣廣島市
完工　1999年12月
土地面積　198.96㎡
總樓地板面積　263.41㎡
結構、規模　鋼骨造、地上3層

蓮根之家
所在地　東京都板橋區
完工　2010年2月
土地面積　77.31㎡
總樓地板面積　121.57㎡
結構、規模　RC造＋木造、地上3層

蕨之家
所在地　埼玉縣蕨市
完工　2005年3月
土地面積　99.23㎡
總樓地板面積　104.52㎡
結構、規模　木造、地上2層

檢見川之家
所在地　千葉縣千葉市
完工　2000年7月
土地面積　194.72㎡
總樓地板面積　110.05㎡
結構、規模　木造、地上2層

鵠沼海岸之家
所在地　神奈川縣藤澤市
完工　2005年11月
土地面積　115.70㎡
總樓地板面積　92.02㎡
結構、規模　木造、地上2層

藤丘之家
所在地　神奈川縣橫濱市
完工　1998年4月
土地面積　125.52㎡
總樓地板面積　100.22㎡
結構、規模　木造、地上2層

鶴島之家
所在地　埼玉縣鶴島市
完工　2009年5月
土地面積　538.38㎡
總樓地板面積　238.49㎡
結構、規模　RC造＋木造、地上2層

刊載建築物INDEX〔依筆劃排列〕

人形町之家　※翻修
所在地　東京都中央區
完工　2011年9月
土地面積　24.26㎡
總樓地板面積　43.63㎡
結構、規模　木造、地上2層

上尾之家
所在地　埼玉縣上尾市
完工　2007年6月
土地面積　236.42㎡
總樓地板面積　107.02㎡
結構、規模　木造、地上1層

上野原之家
所在地　山梨縣上野原市
完工　1995年12月
土地面積　483.89㎡
總樓地板面積　175㎡
結構、規模　木造、地上2層

下總中山之家
所在地　千葉縣市川市
完工　2007年9月
土地面積　283.17㎡
總樓地板面積　115.55㎡
結構、規模　木造、地上2層

久我山之家
所在地　東京都杉並區
完工　2005年8月
土地面積　142.62㎡
總樓地板面積　112.51㎡
結構、規模　木造、地上2層

千束之家
所在地　東京都台東區
完工　2014年7月
土地面積　129.13㎡
總樓地板面積　196.94㎡
結構、規模　鋼骨造、地上3層

大井松田之家
所在地　神奈川縣足柄上郡
完工　2009年11月
土地面積　332.43㎡
總樓地板面積　135.99㎡
結構、規模　木造、地上2層

小岩之家
所在地　東京都江戶川區
完工　2004年3月
土地面積　61.29㎡
總樓地板面積　55.65㎡
結構、規模　木造、地上2層

六角橋之家
所在地　神奈川縣橫濱市
完工　2003年12月
土地面積　216.36㎡
總樓地板面積　181.96㎡
結構、規模　鋼骨造、地上3層

木曾呂之家
所在地　埼玉縣川口市
完工　2003年4月
土地面積　164.58㎡
總樓地板面積　98.11㎡
結構、規模　木造、地上2層

加古川之家
所在地　兵庫縣加古川市
完工　1999年4月
土地面積　207.33㎡
總樓地板面積　131.04㎡
結構、規模　木造、地上2層

本八幡之家
所在地　千葉縣市川市
完工　2003年8月
土地面積　155.83㎡
總樓地板面積　104.11㎡
結構、規模　木造、地上2層

生實野之家
所在地　千葉縣千葉市
完工　2000年12月
土地面積　149.99㎡
總樓地板面積　93.15㎡
結構、規模　木造、地上2層

夙川之家
所在地　兵庫縣西宮市
完工　2001年6月
土地面積　134.00㎡
總樓地板面積　107.00㎡
結構、規模　木造、地上2層

池之端之家
所在地　東京都台東區
完工　2014年5月
土地面積　44.43㎡
總樓地板面積　70.82㎡
結構、規模　木造、地上3層

佐久之家
所在地　長野縣佐久市
完工　平成24（2012）年10月
土地面積　591.68㎡
總樓地板面積　148.30㎡
結構、規模　木造、地上2層

府中之家
所在地　東京都府中市
完工　1996年9月
土地面積　94.55㎡
總樓地板面積　111.60㎡
結構、規模　RC造＋木造、地下1層 地上2層

東京旅館
所在地　東京都台東區
完工　2005年12月
土地面積　48.31㎡
總樓地板面積　128.16㎡
結構、規模　鋼骨造、地上4層

舒適居家
解剖圖鑑

大島健二

1965年出生於日本神戶市，一級建築士。1991年神戶大學研究所碩士課程修畢後，於同年起至1994年任職於日建設計（東京），從事摩天大樓及政府機關、研究所等的設計；1995年獨立開業，2000年成立OCM一級建築士事務所。除了致力於設計摩登、日式等各種風格的住宅，同時也投入文字寫作，著作及雜誌專欄作品眾多。

出　　版／楓書坊文化出版社
地　　址／新北市板橋區信義路163巷3號10樓
郵政劃撥／19907596 楓書坊文化出版社
網　　址／www.maplebook.com.tw
電　　話／(02)2957-6096
傳　　真／(02)2957-6435
作　　者／大島健二
翻　　譯／曹茹蘋
責任編輯／謝淑華
總 經 銷／商流文化事業有限公司
地　　址／新北市中和區中正路 752 號 8 樓
電　　話／(02)2228-8841
傳　　真／(02)2228-6939
網　　址／www.vdm.com.tw
港澳經銷／泛華發行代理有限公司
定　　價／300元
初版日期／2015年5月

國家圖書館出版品預行編目資料

舒適居家解剖圖鑑 / 大島健二作；曹茹蘋譯. -- 初版. -- 新北市：楓書坊文化, 2015.05 172面；21公分

ISBN 978-986-377-061-9 (平裝)

1.家庭佈置 2. 室內設計

422.5　　104003751